ドリルを始めるみんなへ

このドリルでは、マインクラフトのなか間たちといっしょに、プログラミングに**チャレンジ**するよ。

みんなも学校でプログラミングを勉強しているよね。

もしかしたら、むずかしいと思っているかもしれないね。

でも、大じょうぶ！

このドリルに取り組めば、まるで**パズルで遊ぶみたいに**楽しくプログラミングを学べるよ。

ドリルをといていくうちに、プログラミングが、みんなの生活にとても**身近**で、**べんり**だということがわかるよ。

さあ、さっそくドリルに取り組んでいこう！

JN040170

もくじ

このドリルの使い方

① 勉強した日付を書きましょう。

② 「もくもくん」（各単元の左上にあります）は、今、プログラミングの基本のどの考え方を学習しているのかを説明しています。

③ 答えは（　）内に書きましょう。問題は、線を引いて進めましょう。

④ 各単元の問題が終わったら、次のページの答えであわせをしましょう。問題の右下にある点数を書いて、点数を数えて、合計点（100点満点）を書きましょう。

⑤ 巻末重の問題が終わったら、点線をつけて、最後にごほうびシールを取りましょう。

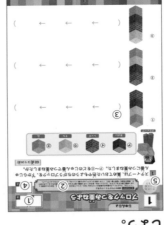

ドリルの進め方

　基本の問題 → まとめのミニテスト → 名称のふり返しをします → 最後に　まとめのテストをします。

おうちの人といっしょに読みましょう。

ブロックをつみ重ねよう

月 日

点

やったね
シールを
はろう

おうちの方へ 順序のプログラミングを学ぶ
1〜4 では、プログラミングの基本的な要素の1つである「順序」について学びます。「順序」とは、決められた処理を1つずつ順番に実行することです。コンピュータは、命令を1つずつ順番に実行するので、正しい手順を考えることが大切です。問題の手順を「鉛筆で書く前に、1つずつ指をさしたりしながら進むといいね」とアドバイスするとよいでしょう。

1 スティーブは、集めておいた色やもようのちがうブロックを、下からじゅん番につみ重ねました。㋐〜㋓をどのじゅん番でつみ重ねましたか。

60点（1つ20点）

㋐ 木ざい　㋑ レンガ　㋒ すな　㋓ 石

スティーブ

①

（ 　　　→　　　→　　　→　　　 ）

②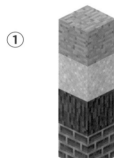

（ 　　　→　　　→　　　→　　　 ）

③

（ 　　　→　　　→　　　→　　　 ）

2 スティーブは、つんでおいた色やもようのちがうブロックを、上からじゅん番に取って運びます。取るじゅん番が正しいのは、㋐～㋒のどれですか。

40点（1つ20点）

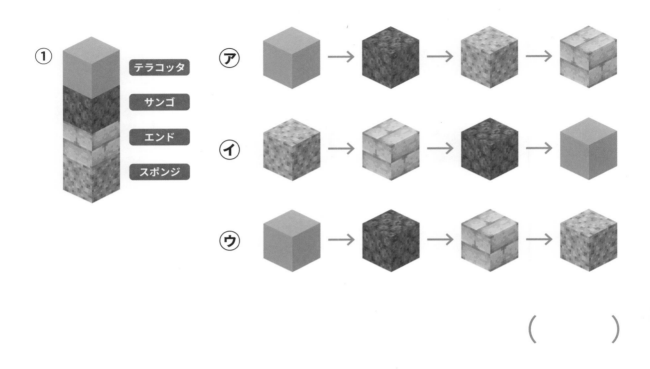

① テラコッタ / サンゴ / エンド / スポンジ

（　　　　）

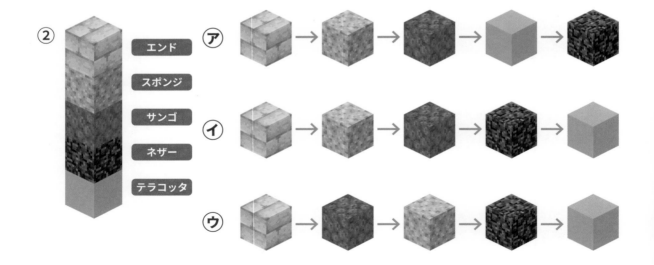

② エンド / スポンジ / サンゴ / ネザー / テラコッタ

（　　　　）

てきをさけてゴールを目指そう

やったね
シールを
はろう

1 アレックスがモンスターに見つからないように、エメラルドをさがしに行きます。同じ道は通れません。スライムとゾンビをさけながら、ウマかロバがいるマスを通ってエメラルドがあるゴールまで、線を引きながら進みましょう。

50点

★ななめには進めません。

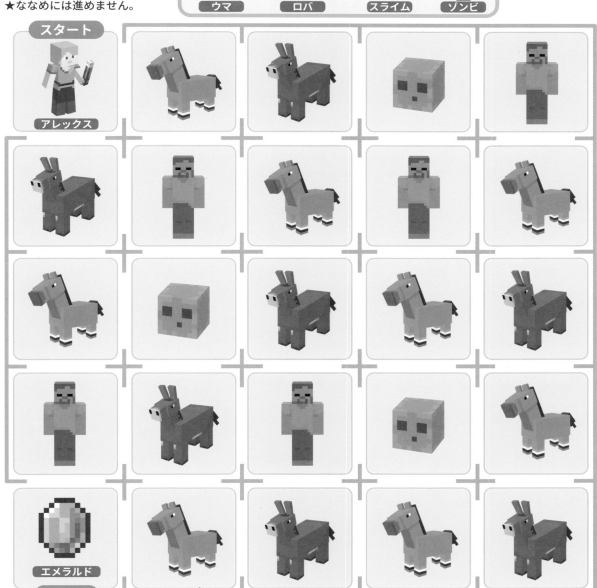

2 アレックスがモンスターに見つからないように、金のインゴットをさがしに行きます。同じ道は通れません。ゾンビピグリンとピグリンをさけながら、ブタかニワトリがいるマスを通って金のインゴットがあるゴールまで、線を引きながら進みましょう。

50点

★ななめには進めません。

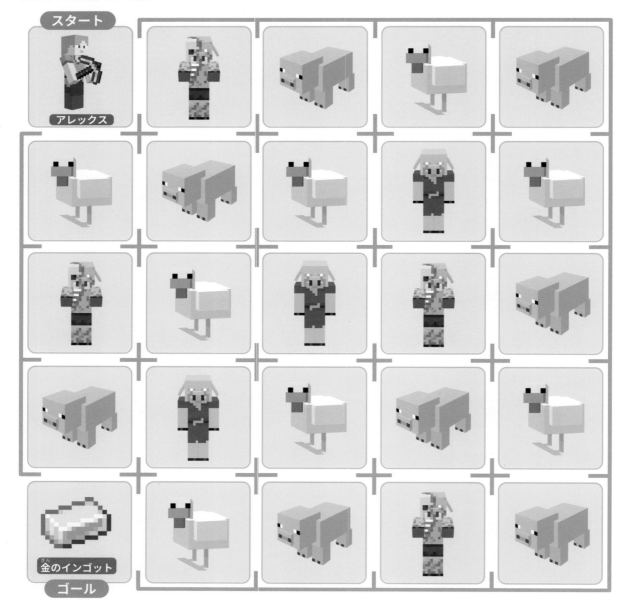

やったね
シールを
はろう

アレックスがトロッコを動かします。トロッコは、アレックスが命れいした じゅん番に動きます。

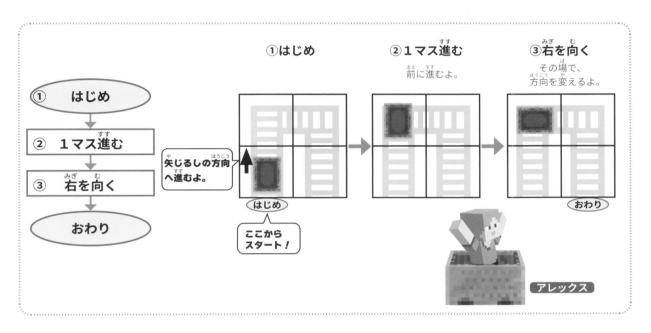

①はじめ

②1マス進む
前に進むよ。

③右を向く
その場で、方向を変えるよ。

① はじめ

② 1マス進む

③ 右を向く

おわり

矢じるしの方向へ進むよ。

はじめ

ここからスタート！

アレックス

1 次のように命れいしたとき、トロッコは、㋐〜㋒のどの矢じるしのじゅん番で進みますか。

30点

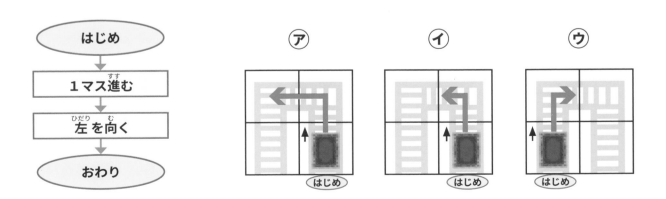

はじめ

1マス進む

左を向く

おわり

㋐　　　　㋑　　　　㋒

はじめ　　はじめ　　はじめ

（　　　　）

2 次のように命れいしたとき、トロッコは、㋐〜㋒のどの矢じるしのじゅん番で進みますか。

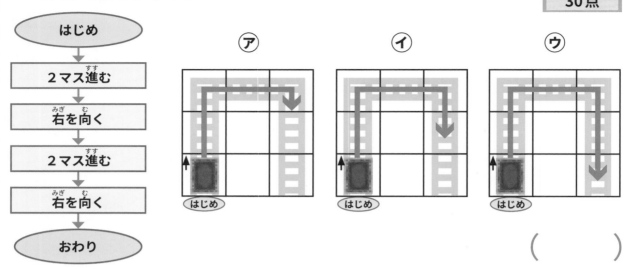

(　　　)

3 次のようにトロッコが動いたとき、正しい命れいは、㋐〜㋒のどれですか。

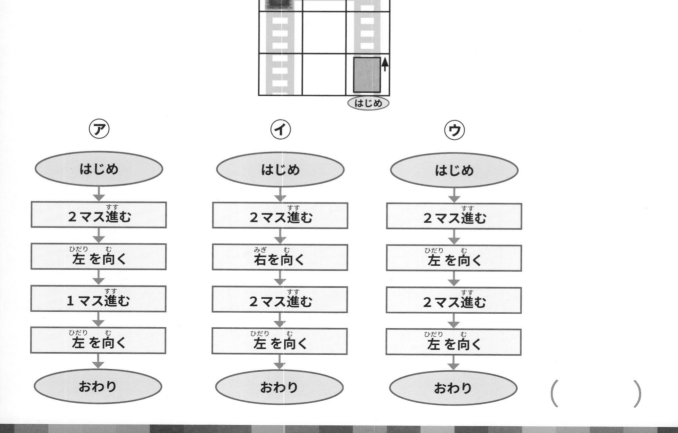

(　　　)

月　日

点

やったね
シールを
はろう

3〜8ページで学習した「じゅんじょ」をおさらいしましょう。

1 スティーブがモンスターに見つからないように、アメジストをさがしに行きます。同じ道は通れません。ブレイズとガストをさけながら、ヒツジかムーシュルームがいるマスを通ってアメジストがあるゴールまで、線を引きながら進みましょう。

50点

★ななめには進めません。

ヒツジ　ムーシュルーム　ブレイズ　ガスト

スタート				
 スティーブ				

 アメジスト ゴール				

2 アレックスは、集めておいた色やもようのちがうブロックを下からじゅん番につみ重ねました。㋐〜㋔をどのじゅん番でつみ重ねましたか。

㋐ 土　　㋑ プリズマリン　　㋒ エンド　　㋓ サンゴ　　㋔ スポンジ

(　→　　→　　→　　→　)

3 次のように命れいしたとき、トロッコは、㋐〜㋒のどの矢じるしのじゅん番で進みますか。

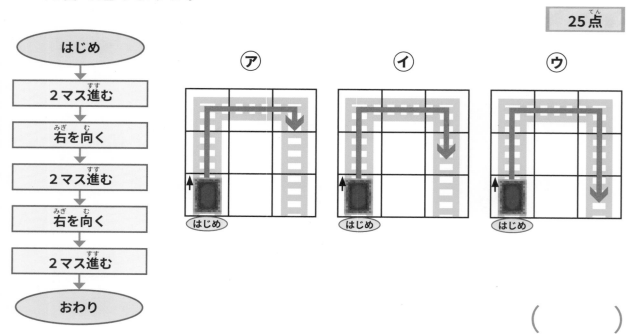

はじめ

2マス進む

右を向く

2マス進む

右を向く

2マス進む

おわり

㋐　　㋑　　㋒

(　　)

5 たから物をならべよう

おうちの方へ 繰り返しのプログラミングを学ぶ
5 ～ 8 では、プログラミングの基本的な要素の1つである「繰り返し」について学びます。「繰り返し」とは、決められた処理を繰り返し実行することです。繰り返す手順を確認して、「1つのまとまりを見つけたら、丸で囲んでみようね」などと話してみましょう。お子さまが問題に取り組みやすくなります。

やったね
シールを
はろう

1 スティーブが２しゅるいのたから物を左からじゅんにならべています。４回くり返すと、□に入るのはどちらですか。

25点

スティーブ

⑦ エメラルド　　⑦ ダイヤモンド　　（　　　）

2 スティーブが３しゅるいのたから物を左からじゅんにならべています。４回くり返すと、□に入るのは、⑦～⑦のどれですか。

25点

⑦ ダイヤモンド　　⑦ ネザークォーツ　　⑦ ラピスラズリ

（　　　）

3 スティーブが４しゅるいのたから物を左からじゅんにならべています。
３回くり返すと、①と②に入るのは、㋐〜㋔のどれですか。

25点

㋐ ダイヤモンド　　㋑ ラピスラズリ　　㋒ エメラルド　　㋓ ネザークォーツ

① （　　　　　）　　② （　　　　　）

4 スティーブが５しゅるいのたから物を左からじゅんにならべています。
３回くり返すと、①と②に入るのは、㋐〜㋔のどれですか。

25点

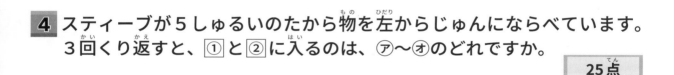

㋐ ネザークォーツ　　㋑ ダイヤモンド　　㋒ ラピスラズリ　　㋓ アメジスト　　㋔ エメラルド

① （　　　　　）　　② （　　　　　）

6 ウマを進めよう

やったね
シールを
はろう

スティーブがウマを走らせます。ウマは、スティーブが命れいしたじゅん番に進みます。

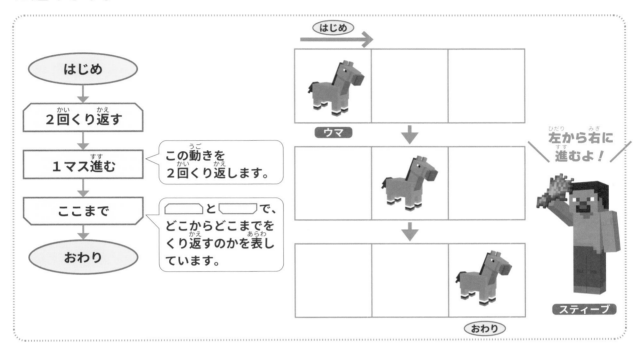

1 次のように命れいしたとき、ウマは、㋐〜㋓のどの場所まで進みますか。

25点

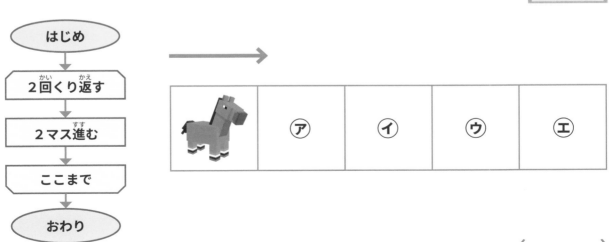

（　　　）

2 次のように命れいしたとき、ロバは、㋐～㋓のどの場所まで進みますか。

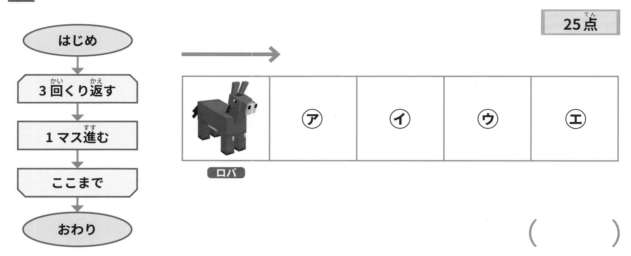

25点

（　　　　）

3 ロバを㋓の場所まで進めることができる正しい命れいは、①～③のどれですか。

50点

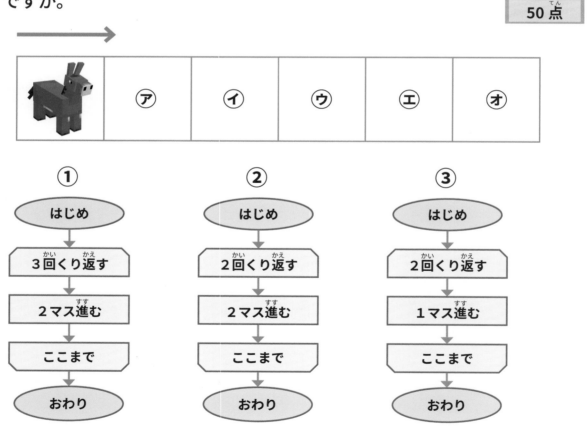

（　　　　）

7 チェストの中にあるもの

やったね
シールを
はろう

月　日

点

アレックスは、たから物が入ったチェストを見つけました。中に入っているたから物を出して、スティーブが命れいした通りに左からじゅんにならべます。

1 次のようにならべられたたから物のじゅん番が正しい命れいは、㋐〜㋒のどれですか。

25点

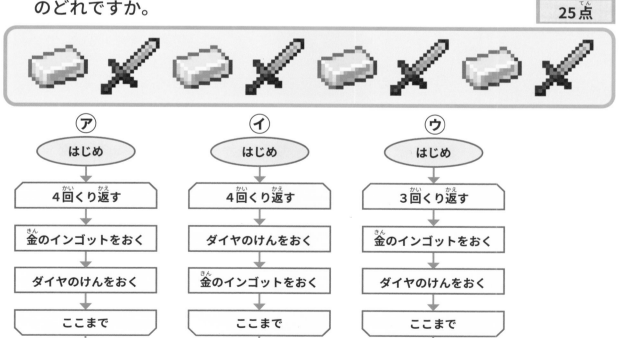

（　　　）

2 次のようにならべられたたから物のじゅん番が正しい命れいは、㋐〜㋒のどれですか。

（　　　　）

3 次の命れいの通りに、たから物を正しくならべると、㋐〜㋤のどれになりますか。

（　　　　）

月 日

点

11〜16 ページで学習した「くり返し」をおさらいしましょう。

1 アレックスが 3 しゅるいのアイテムを左からじゅんにならべています。
3 回くり返すと、①と②に入るのは、㋐〜㋒のどれですか。

25点

  ①   ②

何回くり返して
いるのかな？

アレックス

㋐
レコード

㋑
本

㋒
コンパス

① (　　　　) ② (　　　　)

2 スティーブが 4 しゅるいのアイテムを左からじゅんにならべています。
3 回くり返すと、①と②に入るのは、㋐〜㋓のどれですか。

25点

㋐
コンパス

㋑
つりざお

㋒
ポーション

㋓
本

① (　　　　) ② (　　　　)

3 アレックスがネコを歩かせます。ネコは、アレックスが命れいしたじゅん番に進みます。次のように命れいしたとき、ネコは、㋐〜㋔のどの場所まで進みますか。

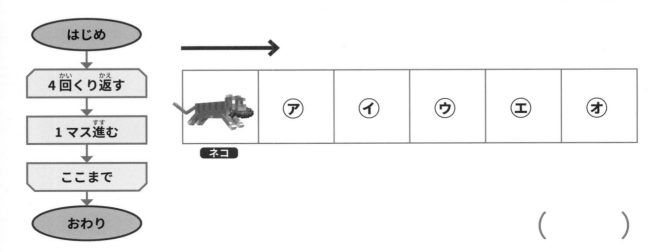

（　　　　　）

4 スティーブは、たから物が入ったチェストを見つけました。中に入っているたから物を出して、次の命れいの通りに左からじゅんにならべます。たから物を正しくならべると、㋐〜㋓のどれになりますか。

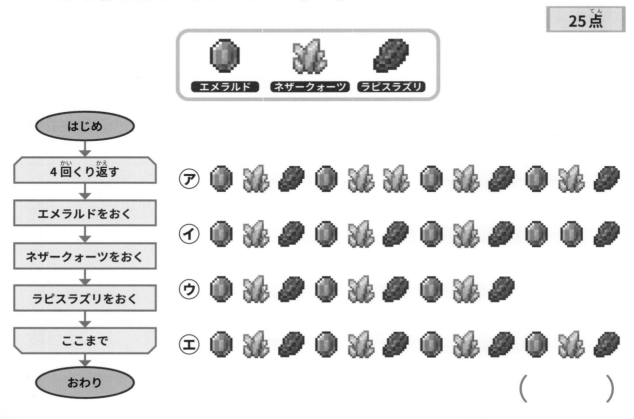

（　　　　　）

分き アイテムをもらおう

やったね
シールを
はろう

> **おうちの方へ　分岐のプログラミングを学ぶ**
> 9〜13では、プログラミングの基本的な要素の1つである「分岐」について学びます。「分岐」とは、条件によって実行する処理を変えることです。問題の条件を確認して、「1つずつ指でたどるといいよ」「当てはまるものに印をつけて選んでみよう」などと話しかけるとよいでしょう。

1 スティーブは、アイテムを交かんしてもらいに村人に会いに行きます。分かれ道は、かん板の通りに進みます。スティーブが交かんしてもらったアイテムは、㋐〜㋗のどれですか。

50点

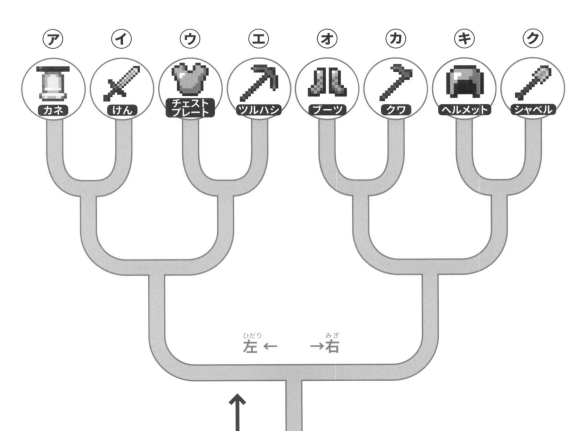

㋐ カネ　㋑ けん　㋒ チェストプレート　㋓ ツルハシ　㋔ ブーツ　㋕ クワ　㋖ ヘルメット　㋗ シャベル

左 ←　→ 右

◆1回目の分かれ道
　← 左
◆2回目の分かれ道
　← 左
◆3回目の分かれ道
　→ 右

スティーブ

(　　　)

2 スティーブは、別の村人のところに会いに行ったら、㋔のアイテムと交かんできました。①～③のどのかん板を見て進んだでしょうか。

50点

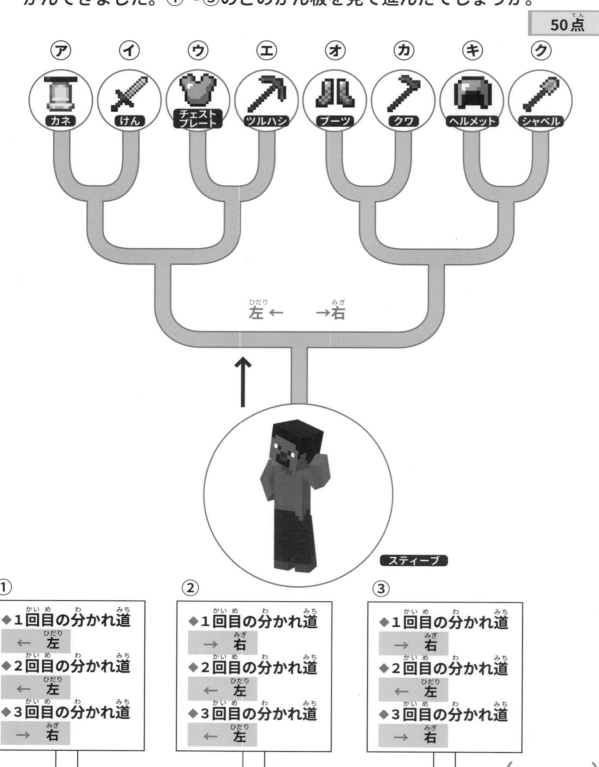

㋐ カネ　㋑ けん　㋒ チェストプレート　㋓ ツルハシ　㋔ ブーツ　㋕ クワ　㋖ ヘルメット　㋗ シャベル

左 ← 　→右

スティーブ

①
◆1回目の分かれ道
← 左
◆2回目の分かれ道
← 左
◆3回目の分かれ道
→ 右

②
◆1回目の分かれ道
→ 右
◆2回目の分かれ道
← 左
◆3回目の分かれ道
← 左

③
◆1回目の分かれ道
→ 右
◆2回目の分かれ道
← 左
◆3回目の分かれ道
→ 右

（　　　）

やったね
シールを
はろう

1 アレックスは、ウマを色ともようで次の命れいの通りに分けて、アイテムをつけます。

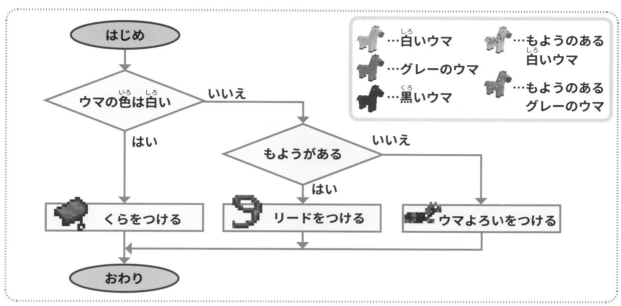

① くらをつけたのは、㋐〜㋑のどれですか。

25点

㋐　㋑　㋒　㋓

（　　　）

② リードをつけたのは、㋐〜㋑のどれですか。

25点

㋐　㋑　㋒　㋓

（　　　）

2 アレックスは、ウマを色ともようで次の命れいの通りに分けて、道具を
チェストに入れて運びます。

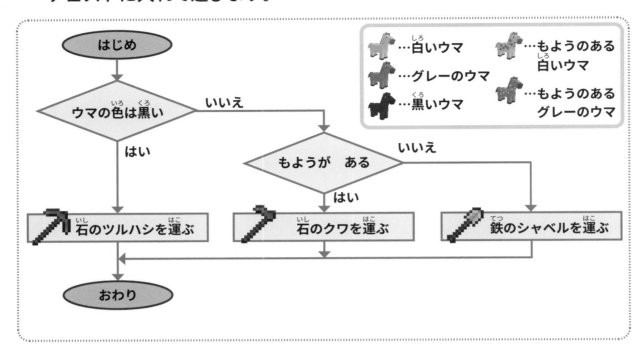

① 石のツルハシを運んだのは、㋐〜㋓のどれですか。

㋐　㋑　㋒　㋓

（　　　）

② 鉄のシャベルを運んだのは、㋐〜㋓のどれですか。

㋐　㋑　㋒　㋓

（　　　）

ほう石を取り出そう

分き

スティーブは、次の命れいの通りに、入れ物（ ⬚ ）の中にあるほう石を取り出していきます。

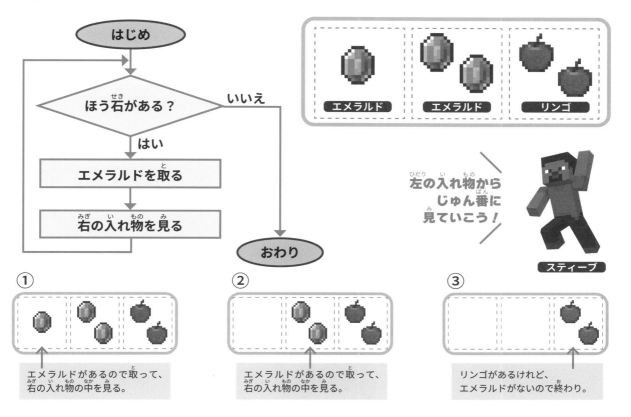

はじめ

ほう石がある？ ── いいえ

はい

エメラルドを取る

右の入れ物を見る

おわり

左の入れ物から
じゅん番に
見ていこう！

スティーブ

① エメラルドがあるので取って、右の入れ物の中を見る。

② エメラルドがあるので取って、右の入れ物の中を見る。

③ リンゴがあるけれど、エメラルドがないので終わり。

1 次のように、入れ物の中にエメラルドとリンゴがあるとき、上の命れいを実行すると、㋐〜㋒のどれになりますか。

25点

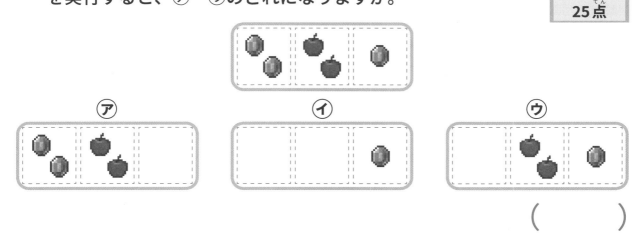

㋐　　　　　　　　　㋑　　　　　　　　　㋒

（　　　　）

2 次のように、入れ物の中にエメラルドとリンゴがあるとき、前のページの命れいを実行すると、㋐〜㋓のどれになりますか。

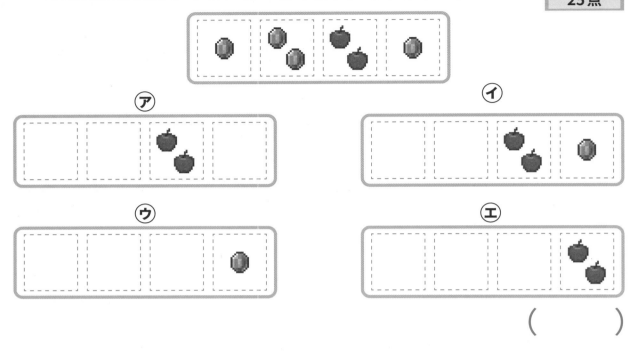

㋐

㋑

㋒

㋓

（　　　　）

3 次のように、入れ物の中にエメラルドとリンゴがあるとき、前のページの命れいを実行すると、㋐〜㋓のどれになりますか。

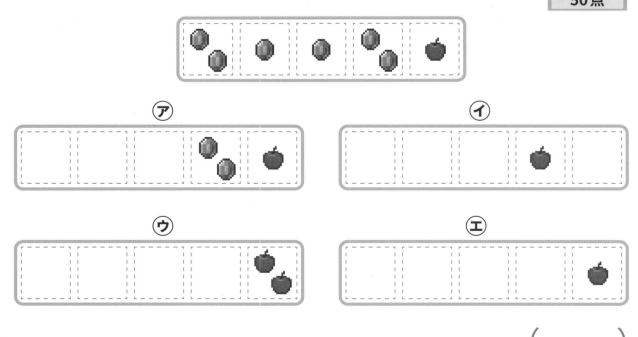

㋐

㋑

㋒

㋓

（　　　　）

はしごを登ってだっ出

1 アレックスは、地下のどうくつをだっ出します。たいまつが横にあるはしごだけを登って出口まで進みます。アレックスは、**1〜4**のどの出口からだっ出できましたか。

50点

ルール
●横にたいまつがないはしごは、登ることができません。
●はしごを登ったら、左と右のどちらにも動くことができます。

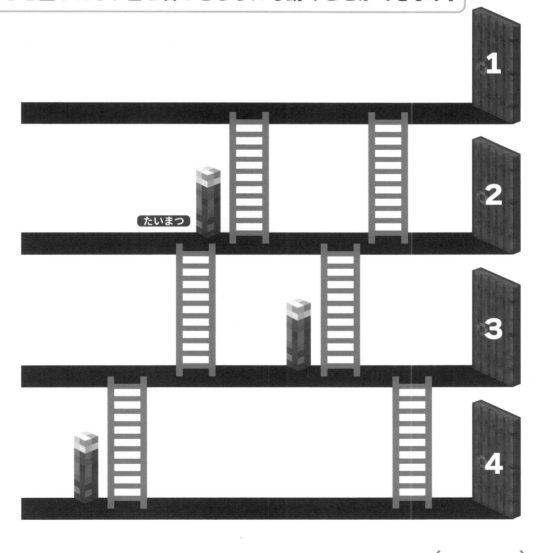

たいまつ

アレックス

スタート

(　　　)

アレックスは、べつの地下のどうくつをだっ出します。たいまつが横にあるはしごだけを登って出口まで進みます。アレックスが**2**の出口からだっ出するには、たいまつを㋐〜㋒のどことどこにおくといいですか。

50点

ルール
●横にたいまつがないはしごは、登ることができません。
●はしごを登ったら、左と右のどちらにも動くことができます。

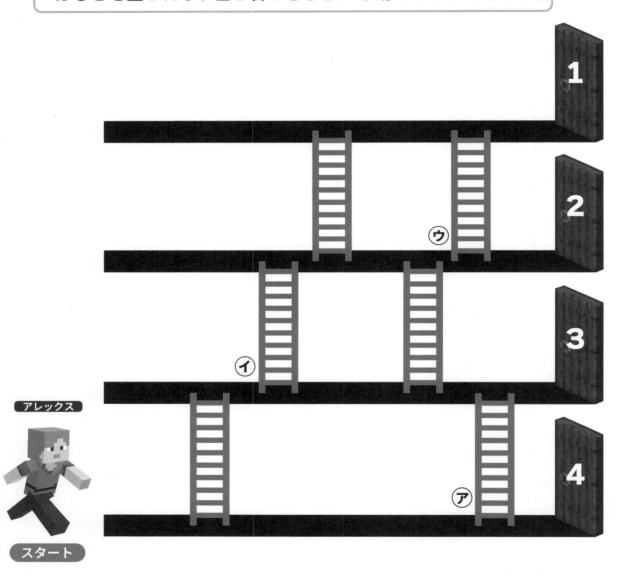

(　　　　)(　　　　)

やったね
シールを
はろう

19 ～ 26 ページで学習した「分き」をおさらいしましょう。

1 スティーブは、ウマを色ともようで次の命れいの通りに分けて、道具を
つけます。

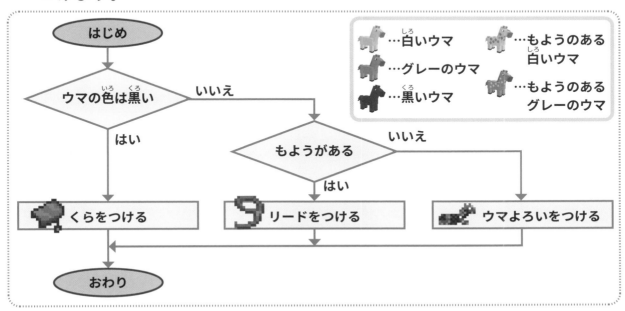

① くらをつけたのは、⑦～⑨のどれですか。　　　**25点**

⑦　　　④　　　⑦　　　⑨

（　　　）

② リードをつけたのは、⑦～⑨のどれですか。　　　**25点**

⑦　　　④　　　⑦　　　⑨

（　　　）

2 スティーブは、地下のどうくつをだっ出します。ランタンが横にあるはしごだけを登って出口まで進みます。スティーブは、**1〜5**のどの出口からだっ出できましたか。

50点

ルール
●横にランタンがないはしごは、登ることができません。
●はしごを登ったら、左と右のどちらにも動くことができます。

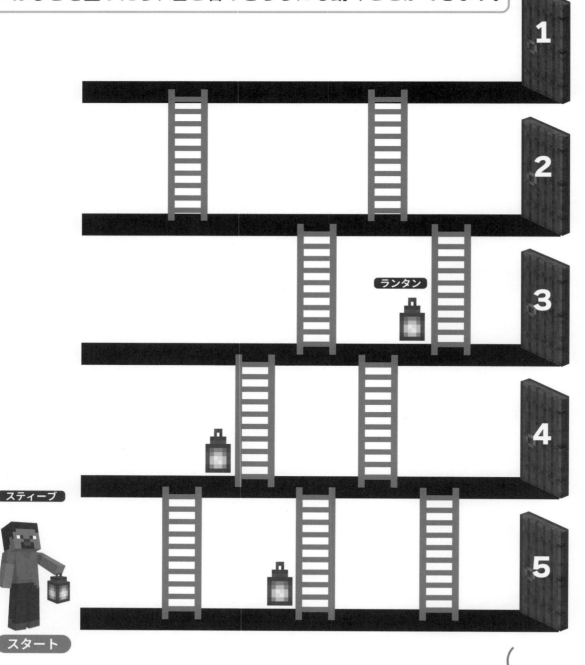

(　　　　)

28

14 正しい組み合わせはどれ？

やったね
シールを
はろう

おうちの方へ コンピュータの考え方を学ぶ
14〜19 では、「コンピュータの考え方」について学びます。「コンピュータの考え方」にはさまざまなものがありますが、ここでは、枝分かれして進んでいくデータの表し方、「0」と「1」の2つの数字を使って数を表現する方法（2進法）などを学びます。2進法の考え方は理解が難しい場合があります。35ページに詳しく説明してあるのでご確認ください。

1 アレックスは、ウマのために上からじゅん番にアイテムとえさをえらびます。

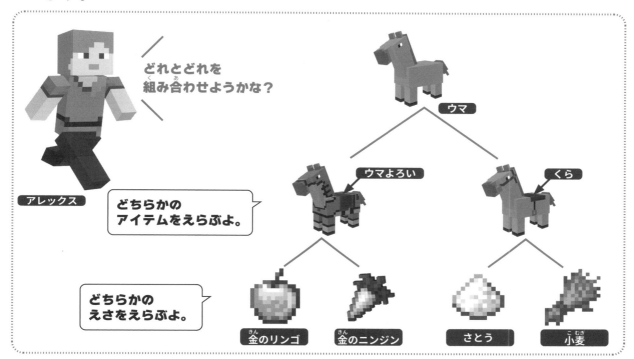

どれとどれを
組み合わせようかな？

アレックス

ウマ

どちらかの
アイテムをえらぶよ。

ウマよろい

くら

どちらかの
えさをえらぶよ。

金のリンゴ　金のニンジン　さとう　小麦

えらんだ組み合わせが正しいのは、㋐〜㋒のどれですか。

40点

㋐　　　　　　㋑　　　　　　㋒　　　　　　㋓

（　　　）

2 アレックスは、ロバのために上からじゅん番にアイテムとえさをえらびます。

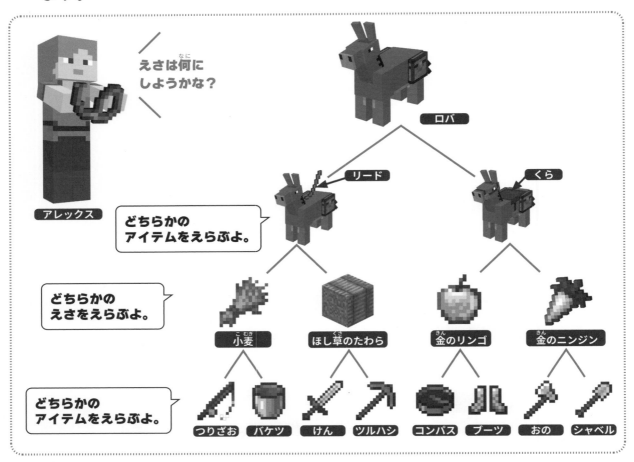

えさは何にしようかな？

アレックス

ロバ

リード

くら

どちらかのアイテムをえらぶよ。

どちらかのえさをえらぶよ。

小麦　ほし草のたわら　金のリンゴ　金のニンジン

どちらかのアイテムをえらぶよ。

つりざお　バケツ　けん　ツルハシ　コンパス　ブーツ　おの　シャベル

えらんだ組み合わせが正しいのは、㋐〜㋓のどれですか。

60点

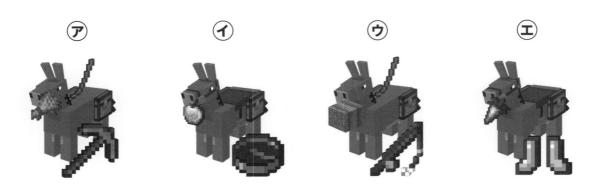

㋐　㋑　㋒　㋓

（　　　）

30

やったね
シールを
はろう

スティーブは、とう明な2まいのフィルムに■と□のもようをかき、フィルムを重ねたときの色の見え方を調べました。

1 次の2まいのフィルムを重ねると、㋐〜㋒のどのもようになりますか。

25点

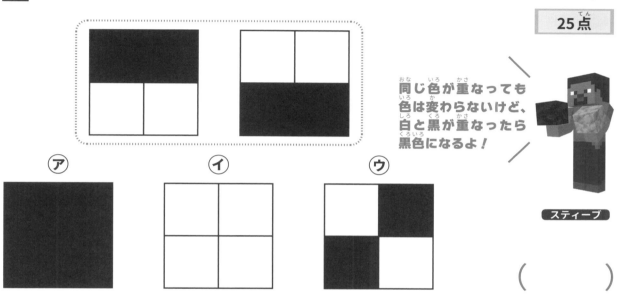

同じ色が重なっても
色は変わらないけど、
白と黒が重なったら
黒色になるよ！

スティーブ

㋐　　　　㋑　　　　㋒

(　　　　)

2 次の2まいのフィルムを重ねると、㋐〜㋒のどのもようになりますか。

25点

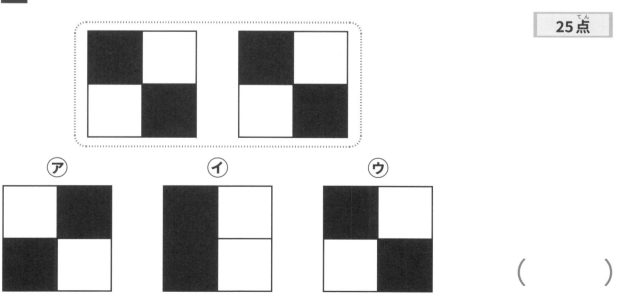

㋐　　　　㋑　　　　㋒

(　　　　)

3 次の２まいのフィルムを重ねると、㋐〜㋒のどのもようになりますか。

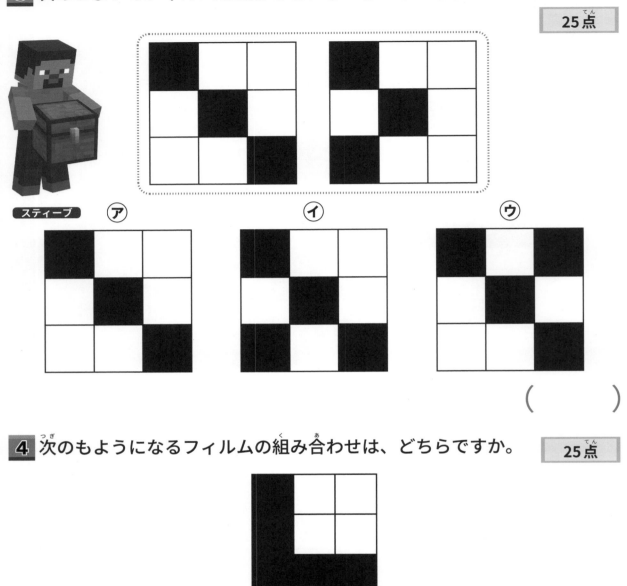

㋐　　　　　　　　㋑　　　　　　　　㋒

（　　　）

4 次のもようになるフィルムの組み合わせは、どちらですか。

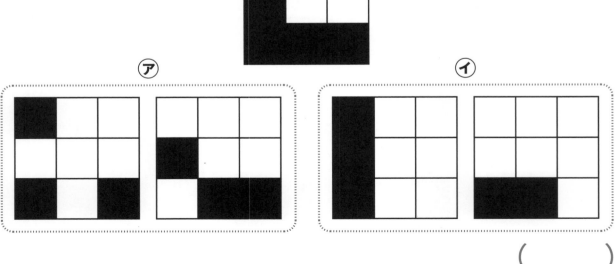

㋐　　　　　　　　　　　　　㋑

（　　　）

やったね
シールを
はろう

スティーブは、ジャングルの寺院でかくしとびらを見つけました。

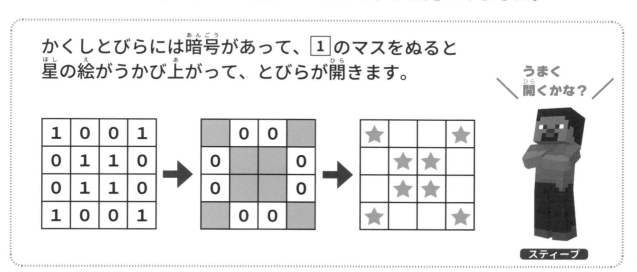

かくしとびらには暗号があって、□のマスをぬると
星の絵がうかび上がって、とびらが開きます。

うまく
開くかな？

スティーブ

1 とびらが開いたときの星の絵は、⑦～⑦のどれですか。

30点

0	1	0	1
1	0	1	0
0	1	0	1
1	0	1	0

⑦
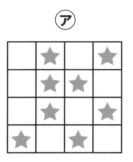

⑦
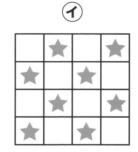

⑦
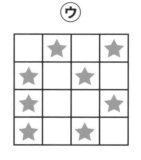

（　　　）

2 とびらが開いたときの星の絵は、㋐〜㋒のどれですか。

0	0	1	0	0
0	1	0	1	0
1	0	0	0	1
0	1	0	0	1
0	0	1	0	0

1 のマスをぬるよ。

スティーブ

㋐ 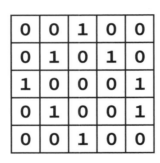　　㋑ 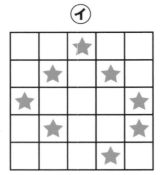　　㋒ 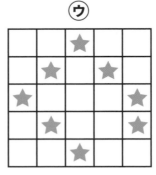　　（　　　　　）

3 1 のマスをぬると、次のような星の絵がうかび上がりました。暗号として数字が正しいものは、㋐〜㋒のどれですか。

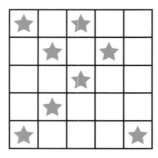

㋐

1	0	1	0	0
0	1	0	1	0
0	0	1	0	0
0	1	0	0	0
1	0	0	0	1

㋑

1	0	1	0	0
0	1	0	1	0
0	0	1	0	0
0	1	0	0	0
1	0	0	0	0

㋒

1	0	1	0	0
0	1	0	1	0
0	0	1	0	0
0	0	0	1	0
1	0	0	0	1

（　　　　　）

17 カードで遊ぼう

コンピュータの考え方

やったね
シールを
はろう

★はじめる前におぼえておこう！
みんながいつも使っている数の仕組みを「10進法」といいます。一方、コンピュータでは、「0」と「1」の2つの数字を使って数を表します。これを「2進法」といいます。17と18では、「2進法」を体けんします。

アレックスが4まいのカードを使って、2進法にチャレンジします。

カードの表を「1」とします。

カードのうらを「0」とします。

2進法では、「0」と「1」だけで表すよ！

アレックス

れい1 → 0000

れい2 → 0001

れい3 → 0100

1 次のようにならんだカードを「1」と「0」で書いてみましょう。

60点（1つ15点）

① → （　　　　　　　）

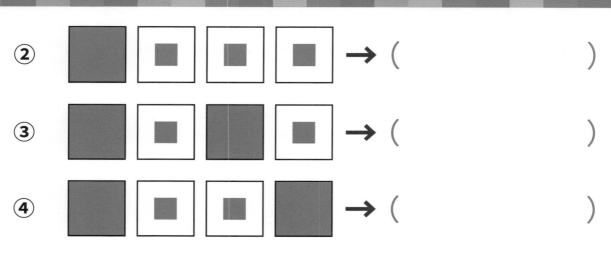

② → (　　　　　　　)

③ → (　　　　　　　)

④ → (　　　　　　　)

2 次のように表したいとき、カードのならべ方が正しいのは㋐〜㋒のどれですか。

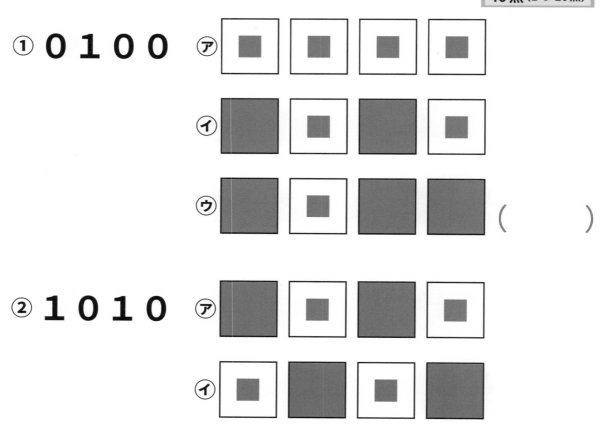

① ０１００

㋐

㋑

㋒　　　　　　　　　　　　（　　　　　）

② １０１０

㋐

㋑

㋒　　　　　　　　　　　　（　　　　　）

ダイヤモンドの数

月 日

点

やったね
シールを
はろう

アレックスは、さいくつしたダイヤモンドの数を、次のような2進法の4まいのカードを使って、10進法でスティーブにつたえます。カードのうらは □ です。

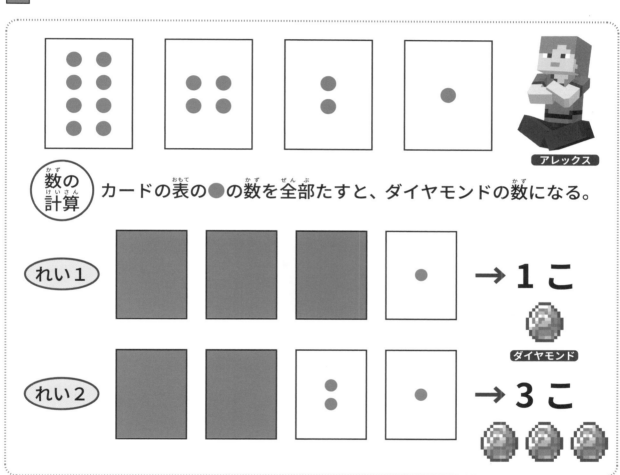

数の計算 カードの表の●の数を全部たすと、ダイヤモンドの数になる。

れい1 → 1こ

ダイヤモンド

れい2 → 3こ

1 アレックスは、次のようにカードをならべました。ダイヤモンドの数は、それぞれ何こですか。

60点（1つ15点）

①    → （　　　　　）こ

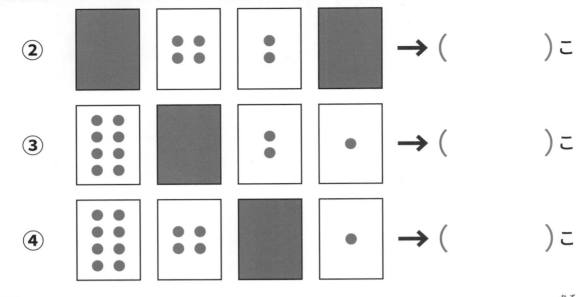

② → (　　　)こ

③ → (　　　)こ

④ → (　　　)こ

2 アレックスは、スティーブにさいくつしてほしいダイヤモンドの数を、次のようにつたえました。⑦〜⑦のどれが正しいですか。

40点（1つ20点）

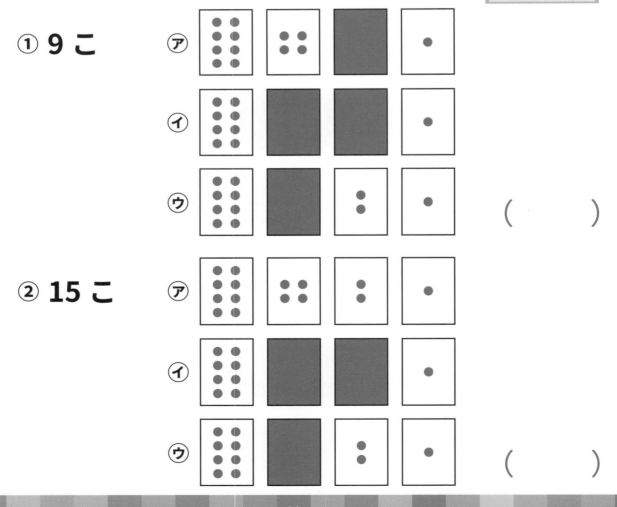

① **9こ**

⑦

⑦

⑦

(　　　)

② **15こ**

⑦

⑦

⑦

(　　　)

やったね
シールを
はろう

29 ～ 38 ページで学習した「コンピュータの考え方」をおさらいしましょう。

1 アレックスは、とう明な 2 まいのフィルムに■と□のもようをかき、フィルムを重ねたときの色の見え方を調べました。次の 2 まいのフィルムを重ねると、㋐～㋒のどのもようになりますか。

20点

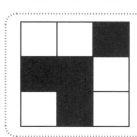 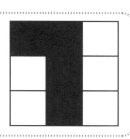

㋐ 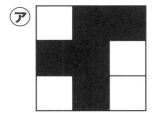 ㋑ 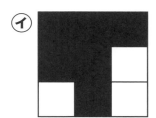 ㋒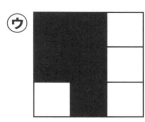

（　　　　）

2 スティーブは、ジャングルの寺院でかくしとびらを見つけました。**1** のマスをぬると、星の絵がうかび上がって、とびらが開きます。とびらが開いたときの星の絵は、㋐～㋒のどれですか。

20点

0	1	0	0	0
0	1	0	1	0
1	0	0	1	1
0	1	0	0	0
0	0	0	0	1

㋐ 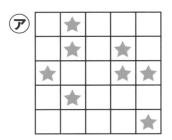 ㋑ 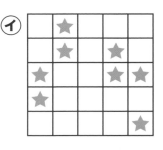 ㋒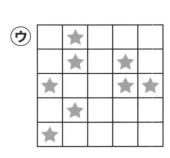

（　　　　）

3 アレックスは、さいくつしたアメジストの数を、次のような2進法の5まいのカードを使って、スティーブにつたえます。カードのうらは 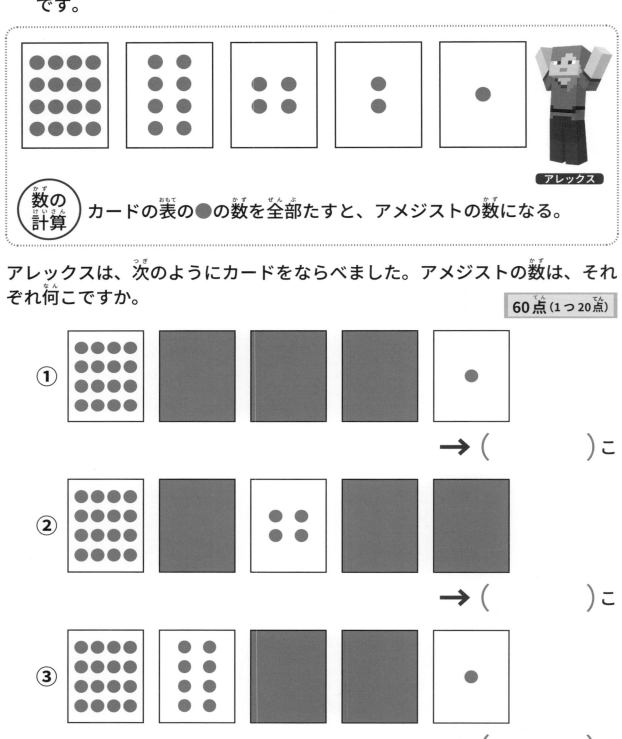 です。

カードの表の●の数を全部たすと、アメジストの数になる。

アレックスは、次のようにカードをならべました。アメジストの数は、それぞれ何こですか。

60点（1つ20点）

① → （　　　　　）こ

② → （　　　　　）こ

③ → （　　　　　）こ

やったね
シールを
はろう

おうちの方へ 変数のプログラミングを学ぶ
20〜23では、プログラミングの重要な考え方の1つである「**変数**」（プログラミングの中でデータ（数値や文字）を保存する領域のこと）について学びます。1つの変数に保存できるものは1つの値だけであり、それは新しく上書きすることもできます。いろいろな情報を取り込んで、名前を変更したり、算数のように足したり引いたりして整理することもできます。

アレックスが、村人に作物のしゅうかくをおねがいします。村人は、さい後に聞いたものだけをおぼえることができます。

アレックスが村人にカボチャとつたえることを右のように表します。

村人 ← カボチャ

1 アレックスが次のじゅん番で村人につたえたとき、村人がおぼえているものは何ですか。

25点

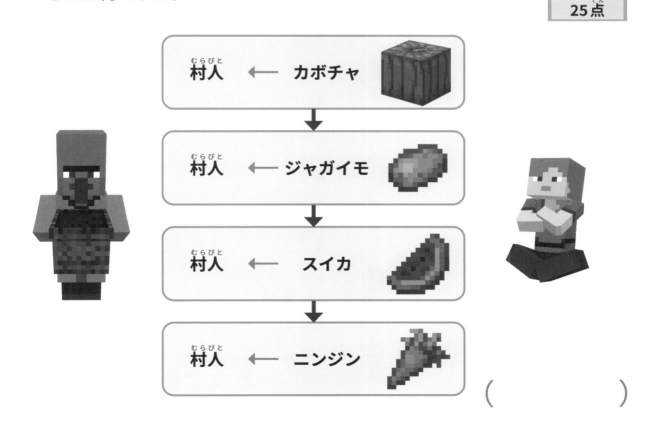

村人 ← カボチャ

村人 ← ジャガイモ

村人 ← スイカ

村人 ← ニンジン

(　　　　　　　　)

2 アレックスが、次のじゅん番で村人につたえたとき、村人がおぼえているものは何ですか。

村人 ← 小麦

村人 ← スイートベリー

村人 ← スイカ

村人 ← ビートルート

（　　　　　　　　　　）

3 村人に小麦 のしゅうかくをしてもらうには、㋐〜㋒のどのじゅん番でつたえるといいですか。

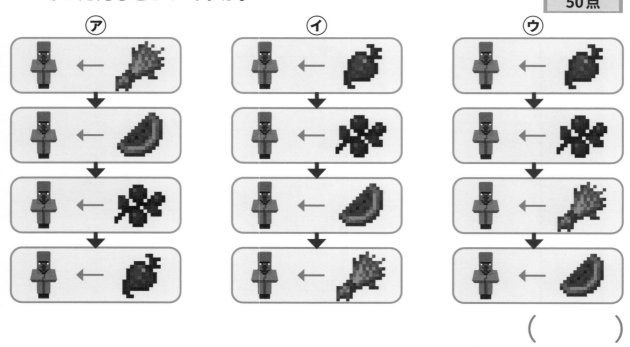

㋐　　　　　　　　㋑　　　　　　　　㋒

（　　　　　　　　　　）

21 へん数 生き物が落としたもの

やったね
シールを
はろう

1 スティーブが㋐〜㋑の生き物が落としたものの数を数えます。

㋐
ムーシュルーム
きのこ

㋑
ウシ
肉

㋒
クモ
糸

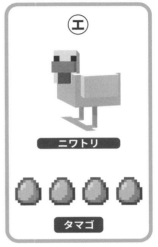

㋓
ニワトリ
タマゴ

①生き物が落としたものの数が大きい方に〇をつけましょう。　**20点(1つ5点)**

(1)　　㋐　　　　　㋓
　（　　　　　）（　　　　　）

(2)　㋑　　　　　㋒
（　　　　　）（　　　　　）

(3)　　㋑　　　　　㋓
　（　　　　　）（　　　　　）

(4)　㋒　　　　　㋓
（　　　　　）（　　　　　）

②㋐〜㋓の生き物が落としたものの数を使って計算して、（　　　）に答えを書きましょう。　**20点(1つ5点)**

(1)　㋐　＋　㋒　＝　（　　　　　　　）

(2)　㋓　ー　㋑　＝　（　　　　　　　）

(3)　㋒　×　㋓　＝　（　　　　　　　）

(4)　㋐　×　㋒　＝　（　　　　　　　）

2 スティーブが㋐〜㋔の生き物が落としたものの数を数えます。

㋐	㋑	㋒	㋓	㋔
			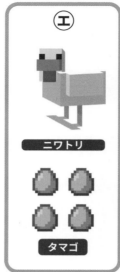	

① 生き物が落としたものの数が小さい方に〇をつけましょう。

(1)　　㋐　　　　　㋓　　　　(2)　　㋑　　　　　㋒

(　　　　) (　　　　)　　　　(　　　　) (　　　　)

(3)　　㋑　　　　　㋓　　　　(4)　　㋐　　　　　㋔

(　　　　) (　　　　)　　　　(　　　　) (　　　　)

(5)　　㋑　　　　　㋔　　　　(6)　　㋒　　　　　㋔

(　　　　) (　　　　)　　　　(　　　　) (　　　　)

② ㋐〜㋔の生き物が落としたものの数を使って計算して、（　　　）に答えを書きましょう。

(1)　㋐　×　㋒　＝（　　　　）　　(2)　㋑　×　㋓　＝（　　　　）

(3)　㋒　×　㋔　＝（　　　　）　　(4)　㋐　×　㋑　＝（　　　　）

(5)　㋒　×　㋓　＝（　　　　）　　(6)　㋑　×　㋔　＝（　　　　）

1 スティーブとアレックスと村人は、村のダイヤモンドをさいくつします。
3人がそれぞれさいくつした数は、次の絵の通りです。

スティーブ　アレックス　村人　ダイヤモンド

村ごとにさいくつしたダイヤモンドの数は、次のように計算します。

スティーブ ← 2
アレックス ← 3
村人 ← 5
→
ジャングルの村 ← スティーブ ＋ アレックス
サバンナの村 ← アレックス ＋ 村人

①ジャングルの村でさいくつしたダイヤモンドは何こですか。

20点

（　　　　　）こ

②サバンナの村でさいくつしたダイヤモンドは何こですか。

20点

（　　　　　）こ

2 スティーブとアレックスと村人は、村のラピスラズリをさいくつします。
3人がそれぞれさいくつした数は、次の絵の通りです。

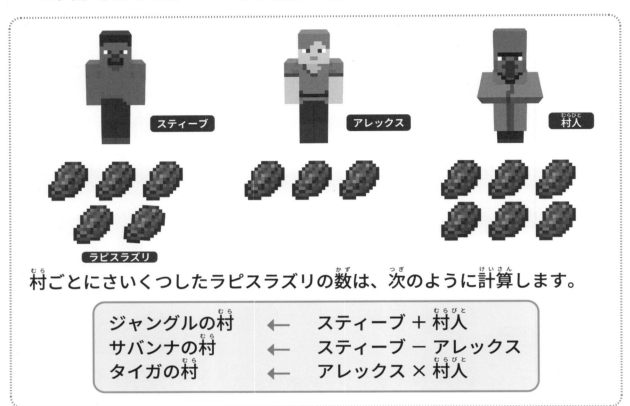

村ごとにさいくつしたラピスラズリの数は、次のように計算します。

ジャングルの村	←	スティーブ ＋ 村人
サバンナの村	←	スティーブ － アレックス
タイガの村	←	アレックス × 村人

①3人がさいくつしたラピスラズリの数は、それぞれ何こですか。

20点

・スティーブ（　　　　）こ　・アレックス（　　　　）こ　・村人（　　　　）こ

②ラピスラズリをさいくつした数が1番多いのは、どの村ですか。

20点

（　　　　　　　　　　）の村

②ラピスラズリをさいくつした数が1番少ないのは、どの村ですか。

20点

（　　　　　　　　　　）の村

やったね
シールを
はろう

41 〜 46 ページで学習した「へん数」をおさらいしましょう。

1 スティーブが㋐〜㋔の生き物が落としたものの数を数えます。

① 生き物が落としたものの数が大きい方に〇をつけましょう。 20点(1つ5点)

(1)　㋐　　　　㋔
　　（　　　　）（　　　　）

(2)　㋑　　　　㋒
　　（　　　　）（　　　　）

(3)　㋒　　　　㋔
　　（　　　　）（　　　　）

(4)　㋐　　　　㋓
　　（　　　　）（　　　　）

② ㋐〜㋔の生き物が落としたものの数を使って計算して、（　　）に答えを
書きましょう。 20点(1つ5点)

(1)　㋑　＋　㋔　＝（　　　　）

(2)　㋐　ー　㋓　＝（　　　　）

(3)　㋒　×　㋔　＝（　　　　）

(4)　㋐　×　㋒　＝（　　　　）

2 スティーブとアレックスと村人は、村の畑にできたカボチャをしゅうかくします。3人がそれぞれしゅうかくした数は、次の通りです。

カボチャ

村ごとにしゅうかくしたカボチャの数を、次のように計算します。

ジャングルの村	←	スティーブ × 村人
サバンナの村	←	スティーブ × アレックス
タイガの村	←	アレックス × 村人

① 3人がしゅうかくしたカボチャの数は、それぞれ何こですか。 20点

・スティーブ（　　　）こ　・アレックス（　　　）こ　・村人（　　　）こ

② カボチャをしゅうかくした数が1番多いのは、どの村ですか。 20点

（　　　　　　　　　）の村

③ カボチャをしゅうかくした数が1番少ないのは、どの村ですか。 20点

（　　　　　　　　　）の村

24 ボートを動かしてみよう

おうちの方へ　関数の考え方を学ぶ
24〜27では、プログラミングの重要な考え方の1つである「関数」について学びます。「関数」とは、複数の命令を組み合わせて、新しい命令を作ることです。必要な処理に名前をつけておくので、何度も同じような処理をする場合に便利です。「指でさしながら命令を1つずつ試してみようね」などと説明するとよいでしょう。

スティーブがボートで、イルカを追いかけています。ボートは、スティーブが命れいした通りに進みます。

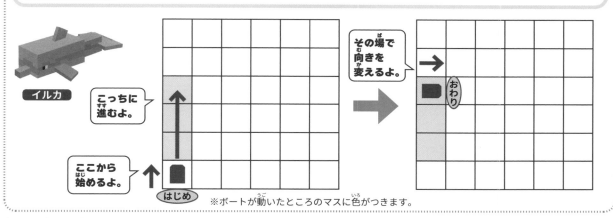

1 次の図のようにボートが動いたときのスティーブの命れいは、⑦〜⑰のどれですか。

25点

色がついたマスを進んだよ！

（　　　）

2 次の図のようにボートが動いたときのスティーブの命れいは、㋐～㋒のどれですか。

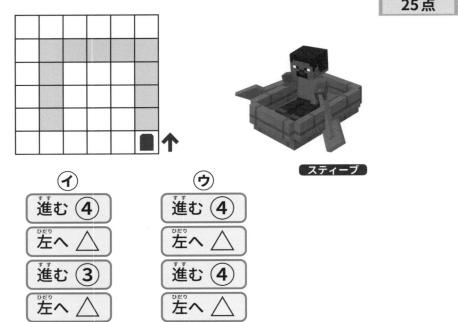

スティーブ

㋐
| 進む ④ |
| 左へ △ |
| 進む ④ |
| 左へ △ |
| 進む ④ |

㋑
| 進む ④ |
| 左へ △ |
| 進む ③ |
| 左へ △ |
| 進む ③ |

㋒
| 進む ④ |
| 左へ △ |
| 進む ④ |
| 左へ △ |
| 進む ③ |

（　　　　）

3 次のように命れいしたとき、ボートが動いた図は㋐～㋒のどれですか。

| 進む ③ |
| 右へ △ |
| 進む ⑤ |
| 左へ △ |
| 進む ② |

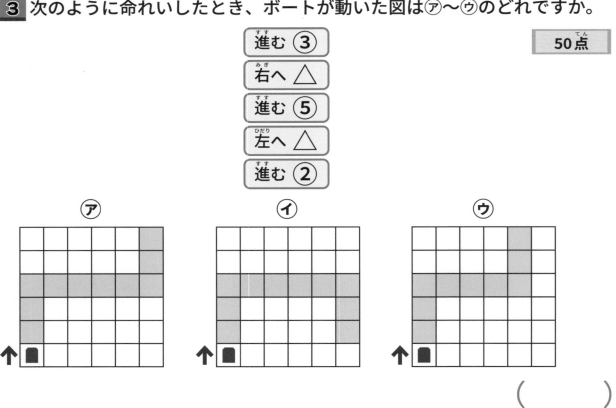

㋐　　　　　　　　　㋑　　　　　　　　　㋒

（　　　　）

やったね
シールを
はろう

アレックスは、よう岩の上を歩いているストライダーを見つけました。ストライダーは、アレックスの命れいの通りにマスに色をぬって歩きます。

●アレックスの命れい

| 歩く ④ |
| 歩く ⑤ | → ◯ の中の数字で、進むマスの数を命れいします。

| 右へ △ | → △ は、向きをしめす命れいです。

ストライダー

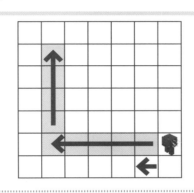

歩いたところの
マスをぬるよ！

アレックス

1 ストライダーが次のようなもようをかいたときのアレックスの命れい
は、㋐〜㋒のどれですか。

25点

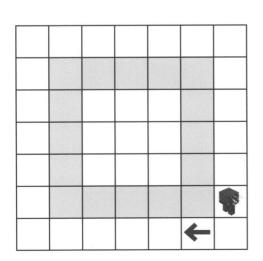

㋐	㋑	㋒
歩く ⑤	歩く ⑤	歩く ⑤
右へ △	右へ △	右へ △
歩く ⑤	歩く ④	歩く ④
右へ △	右へ △	右へ △
歩く ④	歩く ⑤	歩く ④
	右へ △	右へ △
	歩く ③	歩く ③

（　　　　）

2 ストライダーが次のようなもようをかいたときのアレックスの命れいは、㋐〜㋒のどれですか。 25点

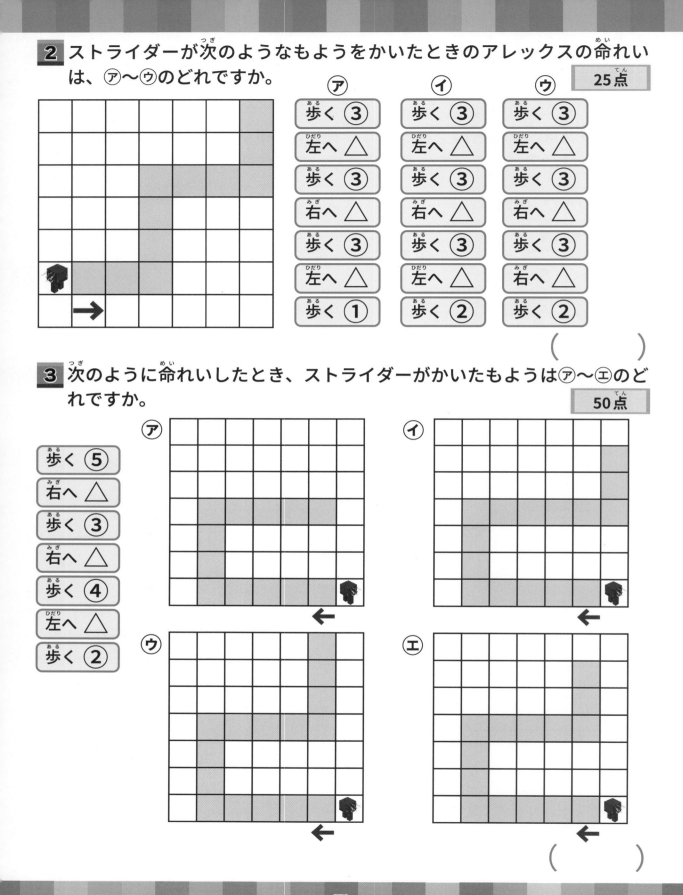

㋐
| 歩く ③ |
| 左へ △ |
| 歩く ③ |
| 右へ △ |
| 歩く ③ |
| 左へ △ |
| 歩く ① |

㋑
| 歩く ③ |
| 左へ △ |
| 歩く ③ |
| 右へ △ |
| 歩く ③ |
| 左へ △ |
| 歩く ② |

㋒
| 歩く ③ |
| 左へ △ |
| 歩く ③ |
| 右へ △ |
| 歩く ③ |
| 右へ △ |
| 歩く ② |

(   )

3 次のように命れいしたとき、ストライダーがかいたもようは㋐〜㋓のどれですか。 50点

| 歩く ⑤ |
| 右へ △ |
| 歩く ③ |
| 右へ △ |
| 歩く ④ |
| 左へ △ |
| 歩く ② |

㋐　㋑　㋒　㋓

(   )

52

26 かくしとびらを開けよう

やったね
シールを
はろう

1 スティーブがジャングルの寺院にあるかくしとびらの前に来ました。とびらには、レバーが3つ、右・真ん中・左にあります。下のじゅん番でレバーをそう作すると、かくしとびらが開きます。

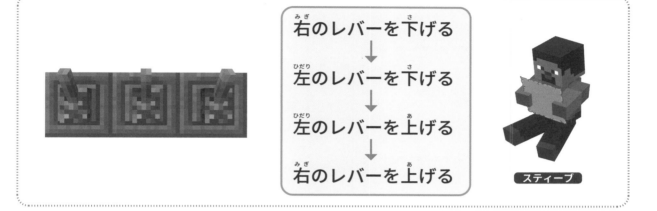

右のレバーを下げる
↓
左のレバーを下げる
↓
左のレバーを上げる
↓
右のレバーを上げる

スティーブ

①かくしとびらを2回開けるには、右のレバーを何回下げることになりますか。

10点

(　　　　　)回

②かくしとびらを3回開けるには、左のレバーを何回上げることになりますか。

10点

(　　　　　)回

③かくしとびらを5回開けるには、□のそう作を何回くり返すといいですか。

15点

(　　　　　)回

2 下のじゅん番でレバーをそう作すると、かくしとびらが開きます。とびらが1回開くと、レバーはすべて上にもどります。

右のレバーを下げる
↓
真ん中のレバーを下げる
↓
左のレバーを下げる
↓
右のレバーを上げる
↓
真ん中のレバーを上げる
↓
左のレバーを上げる
↓
真ん中のレバーを下げる
↓
右のレバーを下げる

スティーブ

①かくしとびらを3回開けるには、左のレバーを何回下げることになりますか。

15点

（　　　　　）回

②かくしとびらを5回開けるには、真ん中のレバーを何回上げることになりますか。

15点

（　　　　　）回

③かくしとびらを10回開けるには、右のレバーを何回下げることになりますか。

15点

（　　　　　）回

④かくしとびらを7回開けるには、◻ のそう作を何回くり返すといいですか。

20点

（　　　　　）回

やったね
シールを
はろう

49〜54ページで学習した「かん数」をおさらいしましょう。

1 ①スティーブがボートで、イルカを追いかけています。ボートは、スティーブが命れいした通りに進みます。次の図のようにボートを動かすには、㋐〜㋒のどの命れいをえらべばいいですか。

15点

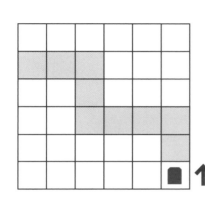

㋐	㋑	㋒
進む ②	進む ②	進む ②
左へ △	左へ △	左へ △
進む ③	進む ③	進む ③
右へ △	右へ △	右へ △
進む ②	進む ②	進む ②
右へ △	左へ △	左へ △
進む ②	進む ②	進む ①

（　　　　）

②アレックスは、よう岩の上を歩いているストライダーを見つけました。ストライダーは、アレックスの命れいの通りにマスに色をぬって歩きます。ストライダーに次の図のようなもようをかいてもらうには、㋐〜㋒のどの命れいをえらべばいいですか。

15点

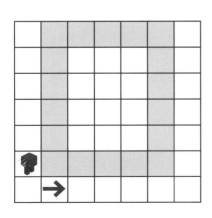

㋐	㋑	㋒
歩く ⑤	歩く ⑤	歩く ⑤
左へ △	左へ △	左へ △
歩く ⑤	歩く ⑤	歩く ⑤
左へ △	左へ △	左へ △
歩く ④	歩く ④	歩く ④
左へ △	右へ △	左へ △
歩く ④	歩く ④	歩く ③

（　　　　）

2 アレックスがジャングルの寺院にあるかくしとびらの前に来ました。とびらには、レバーが３つ、右・真ん中・左にあります。下のじゅん番でレバーをそう作すると、かくしとびらが開きます。とびらが１回開くと、レバーはすべて上にもどります。

右のレバーを下げる
↓
真ん中のレバーを下げる
↓
左のレバーを下げる
↓
右のレバーを上げる
↓
真ん中のレバーを上げる
↓
左のレバーを上げる
↓
右のレバーを下げる
↓
真ん中のレバーを下げる
↓
左のレバーを下げる

アレックス

①かくしとびらを６回開けるには、右のレバーを何回下げることになりますか。

15点

（　　　　　）回

②かくしとびらを９回開けるには、真ん中のレバーを何回上げることになりますか。

15点

（　　　　　）回

③かくしとびらを15回開けるには、左のレバーを何回下げることになりますか。

20点

（　　　　　）回

④かくしとびらを20回開けるには、　　　　のそう作を何回くり返すといいですか。

20点

（　　　　　）回

1 アレックスは、下の①〜⑩の矢じるしの通りに進んで、どうくつをだっ出するための手じゅんが書かれたメモを集めていきます。正しい手じゅんは㋐〜㋒のどれですか。メモは一度集めると、もうありません。

50点

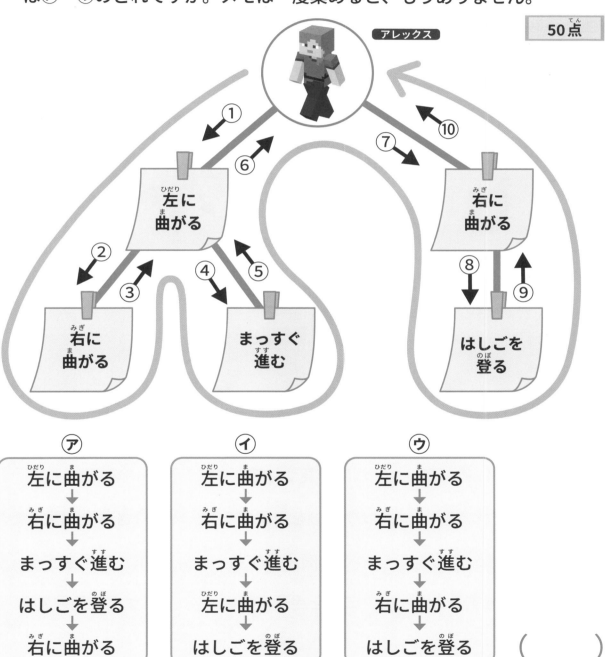

㋐
左に曲がる
↓
右に曲がる
↓
まっすぐ進む
↓
はしごを登る
↓
右に曲がる

㋑
左に曲がる
↓
右に曲がる
↓
まっすぐ進む
↓
左に曲がる
↓
はしごを登る

㋒
左に曲がる
↓
右に曲がる
↓
まっすぐ進む
↓
右に曲がる
↓
はしごを登る

（　　　）

2 スティーブは、下の①〜⑩の矢じるしの通りに進んで、つりに出かけるための手じゅんが書かれたメモを集めていきます。正しい手じゅんは㋐〜㋒のどれですか。メモは一度集めると、もうありません。

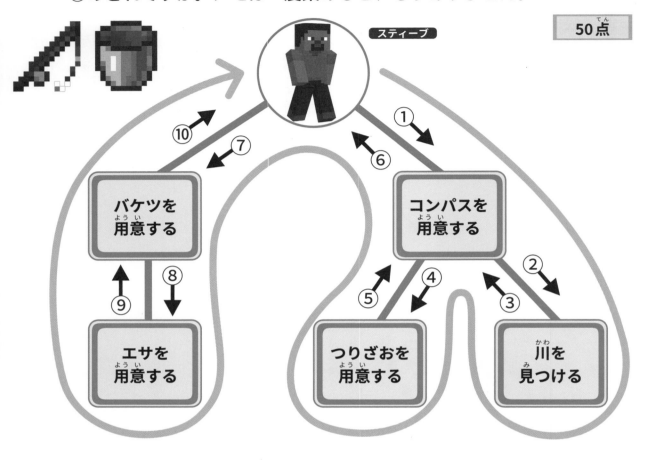

㋐

コンパスを用意する
↓
川を見つける
↓
バケツを用意する
↓
つりざおを用意する
↓
エサを用意する

㋑

コンパスを用意する
↓
川を見つける
↓
つりざおを用意する
↓
バケツを用意する
↓
エサを用意する

㋒

コンパスを用意する
↓
川を見つける
↓
つりざおを用意する
↓
エサを用意する
↓
バケツを用意する

(　　　)

やったね
シールを
はろう

1 スティーブとアレックスが数字を当てるゲームをします。次のように、数字の書かれた3まいのカードがじゅん番にならんでいます。

| 10 | 20 | 30 |

スティーブ

アレックス

アレックスに3まいのカードの中からすきな数字を思いうかべてもらい、その数字を声に出してスティーブが当てます。

アレックスは、「それより大きい」「それより小さい」「正かい」のどれかで答えます。

①アレックスが思いうかべた数字が「30」だったとき、スティーブが左からじゅん番に数字を声に出して言うと、何回目で正かいになりますか。

20点

（　　　　　）回目

②アレックスが思いうかべた数字が「30」だったとき、スティーブが真ん中からじゅん番に数字を声に出して言うと、何回目で正かいになりますか。

20点

（　　　　　）回目

2 次のように、数字の書かれた7まいのカードがじゅん番にならんでいます。

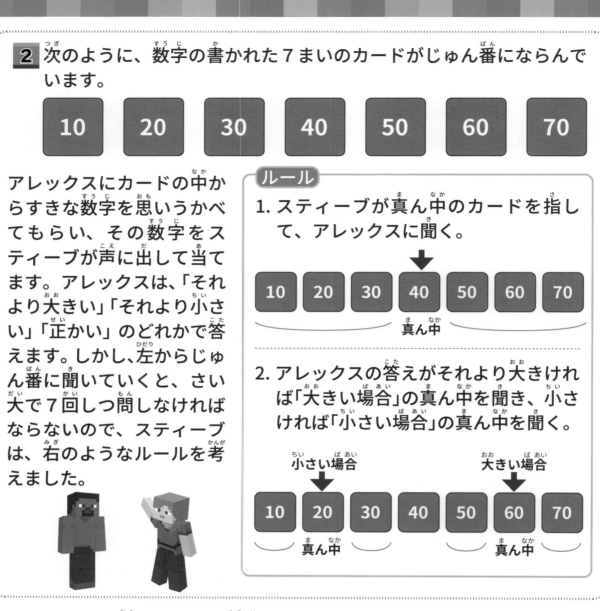

アレックスにカードの中からすきな数字を思いうかべてもらい、その数字をスティーブが声に出して当てます。アレックスは、「それより大きい」「それより小さい」「正かい」のどれかで答えます。しかし、左からじゅん番に聞いていくと、さい大で7回しつ問しなければならないので、スティーブは、右のようなルールを考えました。

ルール

1. スティーブが真ん中のカードを指して、アレックスに聞く。

10 20 30 ↓40 50 60 70
真ん中

2. アレックスの答えがそれより大きければ「大きい場合」の真ん中を聞き、小さければ「小さい場合」の真ん中を聞く。

小さい場合 ↓ 大きい場合 ↓
10 20 30 40 50 60 70
真ん中　　　　　　　真ん中

①アレックスが思いうかべた数字が「20」だったとき、スティーブは真ん中からじゅん番に数字を声に出して言うと、何回目で正かいになりますか。　**30点**

（　　　　　）回目

②アレックスが思いうかべた数字が「70」だったとき、スティーブは真ん中からじゅん番に数字を声に出して言うと、何回目で正かいになりますか。　**30点**

（　　　　　）回目

入れかえてみよう

やったね
シールを
はろう

1 アレックスは、2ひきの魚をつりました。そのうち、大きい魚をスティーブのバケツに入れようとして、下のようになりました。

㋐ スティーブのバケツ　　　㋑ アレックスのバケツ　　　㋒ 空のバケツ

アレックスは、バケツに入れたあとで入れる魚を間ちがえたことに気がつきました。3こあるバケツのうち、㋒の空のバケツを使って、魚を入れかえます。どのようなじゅん番で入れかえればいいですか。イラストを見ながら、（　　　）に㋐～㋒を書きましょう。バケツに魚は1ぴきしか入りません。

① ㋐の魚を　（　　　　　）　にうつす。　　　`10点`

㋐

㋑

㋒

② ㋑の魚を　（　　　　　）　にうつす。　　　`20点`

㋐

㋑

㋒

③ ㋒の魚を　（　　　　　）　にうつす。　　　`20点`

㋐

㋑

㋒

2 スティーブは、火力のちがうかまどでやいた肉の中から、強火でやいた肉をえらんでアレックスに食べてもらいます。

 アレックスの肉 かまど

ア 弱火　　　　イ 中火　　　　ウ 強火

肉をかまどにおいたあとで、弱火と強火のかまどを間ちがえていることに気がつきました。中火のかまどを使って、肉をおきかえます。どのようなじゅん番でおきかえればいいですか。イラストを見ながら、（　　）にア〜ウを書きましょう。

① ⑦の肉を（　　　　）にうつす。　　　　　10点

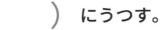

ア 弱火　　　　イ 中火　　　　ウ 強火

② （　　　　）の肉を⑦にうつす。　　　　20点

ア 弱火　　　　イ 中火　　　　ウ 強火

③ ④の肉を（　　　　）にうつす。　　　　20点

ア 弱火　　　　イ 中火　　　　ウ 強火

やったね
シールを
はろう

月　日

点

1 スティーブは、1番重い生き物をぼうけんにつれていきます。そこで、生き物をシーソーにのせて重さくらべをしました。

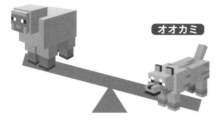
ヒツジ　オオカミ
1回目のシーソーくらべ

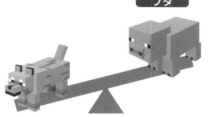
ブタ
2回目のシーソーくらべ

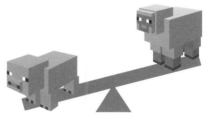
3回目のシーソーくらべ

①重いじゅん番にならんでいるのは、⑦〜⑨のどれですか。

15点

　　⑦ オオカミ → ブタ → ヒツジ

　　④ ブタ → オオカミ → ヒツジ

　　⑨ オオカミ → ヒツジ → ブタ

（　　　　）

②スティーブは、どの生き物をぼうけんにつれていきますか。

15点

（　　　　　　　）

③次の生き物を重いじゅん番にならべましょう。

20点

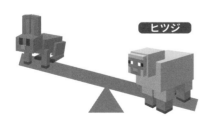
ウサギ　ヒツジ

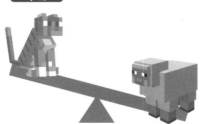
ネコ

（　　　　）→（　　　　）→（　　　　）

2 アレックスは、1番軽い生き物をぼうけんにつれていきます。そこで、生き物をシーソーにのせて重さくらべをしました。

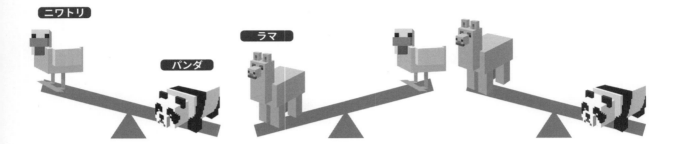

①軽いじゅん番にならんでいるのは、㋐〜㋓のどれですか。

15点

㋐ ニワトリ → パンダ → ラマ

㋑ パンダ → ラマ → ニワトリ

㋒ ニワトリ → ラマ → パンダ

㋓ ラマ → ニワトリ → パンダ

(　　　　　)

②アレックスは、どの生き物をぼうけんにつれていきますか。

15点

(　　　　　)

③次の生き物の中で、2番目に軽いのはどれですか。

20点

(　　　　　)

やったね
シールを
はろう

1 スティーブは、アレックスがかくしているものを当てるゲームをしています。

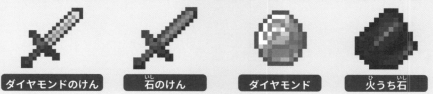

★アレックスはこれらのアイテムのうち、どれか1つをかくしています。

ダイヤモンドのけん　　石のけん　　ダイヤモンド　　火うち石

やみくもに聞いていくと、さい大で4回しつ問しなければならないので、下の図のようなルールを考えました。スティーブのしつ問に、アレックスは「はい」か「いいえ」で答えます。

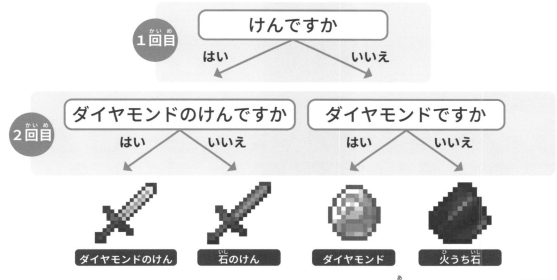

1回目　けんですか
はい　　　いいえ

2回目　ダイヤモンドのけんですか　　ダイヤモンドですか
はい　　いいえ　　　　はい　　いいえ

ダイヤモンドのけん　　石のけん　　ダイヤモンド　　火うち石

① スティーブは、アレックスがかくしているものを当てるまで、何回しつ問すればいいですか。

10点

（　　　　）回

② アレックスの答えは次の通りでした。アレックスがかくしていたものは何ですか。

10点

アレックスの答え ⎰ 1回目…はい
　　　　　　　　 ⎱ 2回目…いいえ

（　　　　　　　　）

2 こんどは、アレックスがスティーブのかくしているものを当てるゲームをします。

★スティーブはこれらのアイテムのうち、どれか1つをかくしています。

| カボチャ | ニンジン | ケーキ | パン | 金のけん | 金のインゴット | バケツ | コンパス |

やみくもに聞いていくと、さい大で8回しつ問しなければならないので、下の図のようなルールを考えました。アレックスのしつ問に、スティーブは「はい」か「いいえ」で答えます。

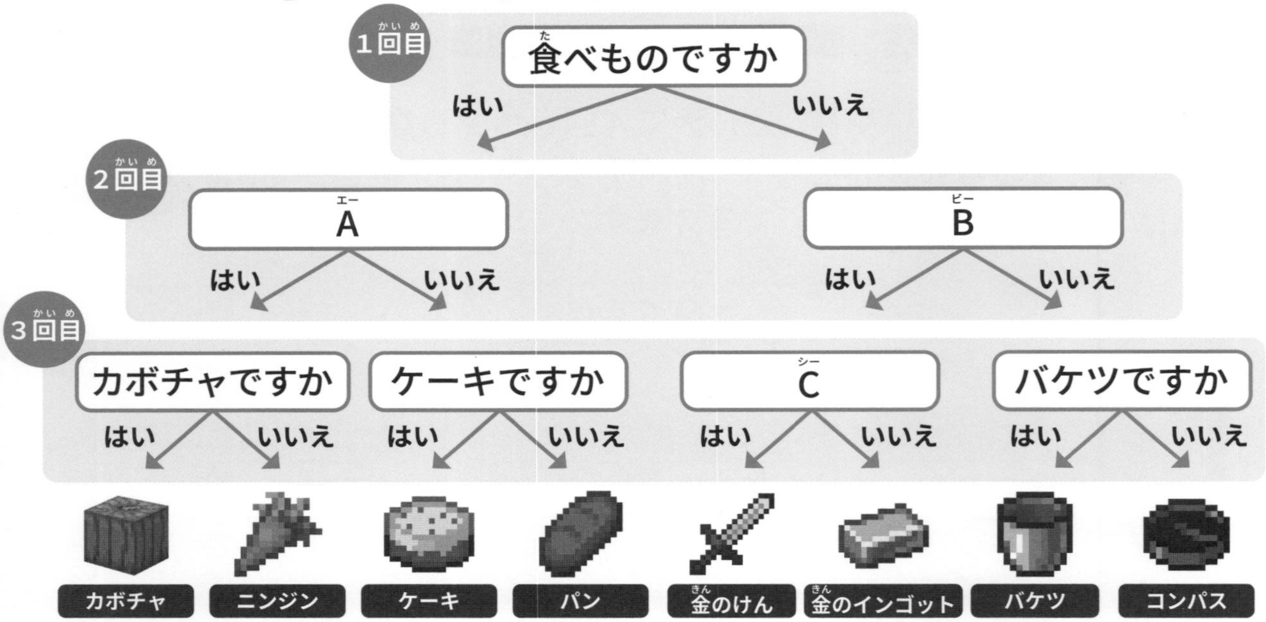

1回目　食べものですか
　　　　はい　　　　　　いいえ

2回目　A　　　　　　　　　　　B
　　はい　　いいえ　　　　　はい　　いいえ

3回目　カボチャですか　ケーキですか　　C　　　バケツですか
　　はい　いいえ　　はい　いいえ　　はい　いいえ　　はい　いいえ

| カボチャ | ニンジン | ケーキ | パン | 金のけん | 金のインゴット | バケツ | コンパス |

① アレックスは、何回しつ問すればスティーブのかくしているものがわかりますか。　**20点**

（　　　　　）回

② スティーブがかくしていたのは、金のインゴットでした。上の図のA～Cには、⑦～⑦のどのしつ問が入りますか。スティーブの答えは1回目「いいえ」、2回目「はい」、3回目「いいえ」でした。　**60点（1つ20点）**

⑦ 道具ですか　　　⑦ 野さいですか

⑦ けんですか　　　⑦ インゴットですか

⑦ 金のものですか

A （　　　　　）

B （　　　　　）

C （　　　　　）

33 村への行き方は？

1 スティーブが持っている地図には、家からそれぞれの村へ行くのに
かかる時間が書いてあります。

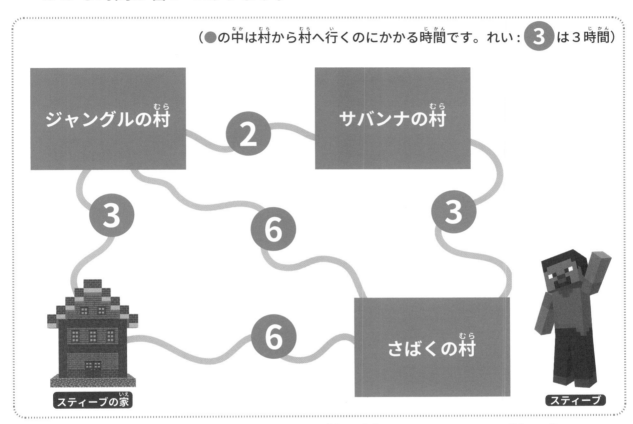

（●の中は村から村へ行くのにかかる時間です。れい：**3**は3時間）

ジャングルの村　　サバンナの村

2

3　　**6**　　**3**

スティーブの家　　**6**　　さばくの村　　スティーブ

スティーブの家を出て、ジャングルの村を通って、さばくの村へ行きます。
村人が言った通りに歩くと、さばくの村に何時間で着きますか。

20点

●村人が言ったこと

★スティーブの家からジャングルの村まで1番短い時間で
行ける道をえらぶ。
★ジャングルの村からさばくの村まで1番短い時間で行け
る道をえらぶ。

（　　　　　）時間

2 スティーブが持っている地図には、家からそれぞれの村へ行くのに
かかる時間が書いてあります。

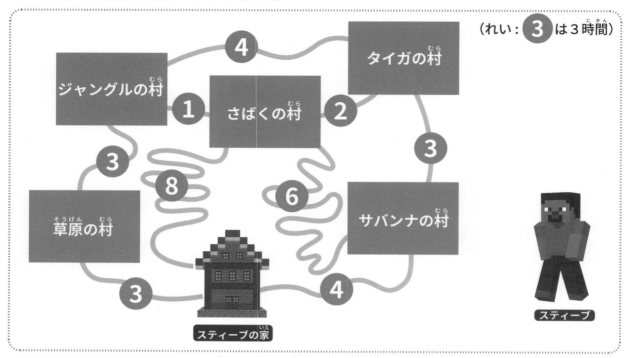

（れい： **3** は3時間）

① スティーブの家を出て、さばくの村を通って、サバンナの村へ行きます。
村人が言った通りに歩くと、サバンナの村に何時間で着きますか。

40点

●村人が言ったこと

★スティーブの家からさばくの村まで1番短い時間で行ける道をえらぶ。
★さばくの村からサバンナの村まで1番短い時間で行ける道をえらぶ。

（　　　　　）時間

② スティーブの家を出て、タイガの村を通って、ジャングルの村へ行きます。
村人が言った通りに歩くと、ジャングルの村に何時間で着きますか。

40点

●村人が言ったこと

★スティーブの家からタイガの村まで1番短い時間で行ける道をえらぶ。
★タイガの村からジャングルの村まで1番短い時間で行ける道をえらぶ。

（　　　　　）時間

34 まとめのミニテスト

やったね
シールを
はろう

57〜68ページで学習した「アルゴリズム」をおさらいしましょう。

1 スティーブは、下の①〜⑩の矢じるしの通りに進んで、作物を育てるための手じゅんが書かれたカードを集めていきます。正しい手じゅんは⑦〜⑦のどれですか。カードは一度集めると、もうありません。

`40点`

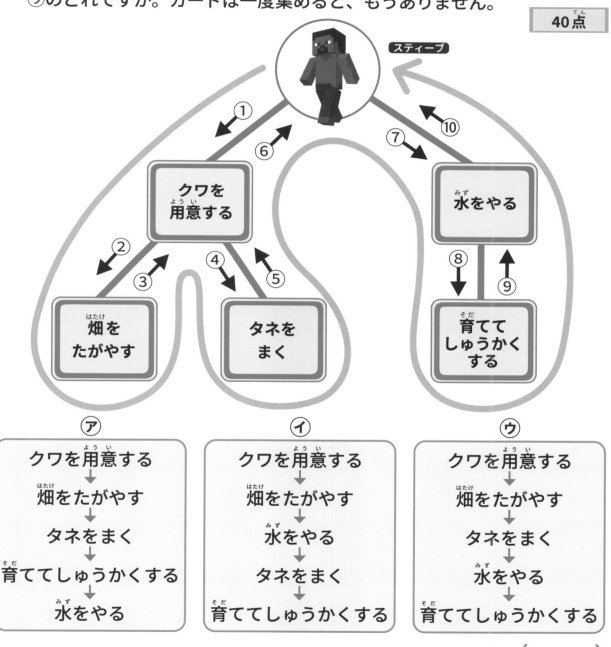

⑦
クワを用意する
↓
畑をたがやす
↓
タネをまく
↓
育ててしゅうかくする
↓
水をやる

⑦
クワを用意する
↓
畑をたがやす
↓
水をやる
↓
タネをまく
↓
育ててしゅうかくする

⑦
クワを用意する
↓
畑をたがやす
↓
タネをまく
↓
水をやる
↓
育ててしゅうかくする

(   )

2 アレックスは、カカオの豆を手に入れました。そのうち、りょうの多いカカオの豆をスティーブのボウルに入れようとして、下のようになりました。

アレックスはボウルに入れたあとで、入れるボウルを間ちがえていることに気がつきました。3こあるボウルのうち、㋒の空のボウルを使って、カカオの豆を入れかえます。どのようなじゅん番で入れかえればいいですか。イラストを見ながら、（　　）に㋐～㋒を書きましょう。

① ㋐のカカオの豆を（　　　　）にうつす。　　**20点**

② ㋑のカカオの豆を（　　　　）にうつす。　　**20点**

③ （　　　　）のカカオの豆を（　　　　）にうつす。　　**20点**

やったね
シールを
はろう

1 次のように命れいしたとき、トロッコは、㋐～㋒のどの矢じるしのじゅん番で進みますか。

25点

はじめ
↓
2マス進む
↓
右を向く
↓
2マス進む
↓
右を向く
↓
2マス進む
↓
おわり

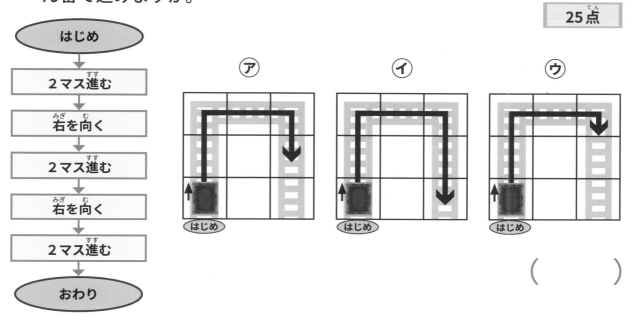

㋐　　　　㋑　　　　㋒

（　　　　　）

2 スティーブがオウムを歩かせます。オウムは、スティーブが命れいしたじゅん番に動きます。次のように命れいしたとき、オウムは、㋐～㋑のどの場所まで動きますか。

25点

はじめ
↓
3回くり返す
↓
2マス進む
↓
ここまで
↓
おわり

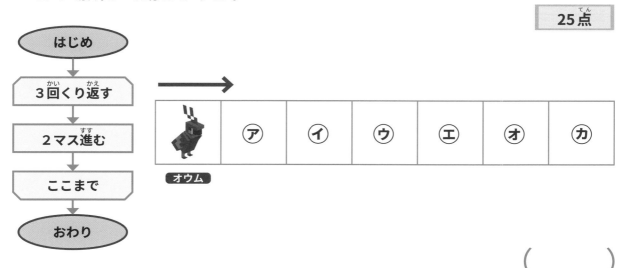

（　　　　　）

3 アレックスは、次の命れいの通りに、わくの中にいるゾンビを見つけて
左からたおしていきます。

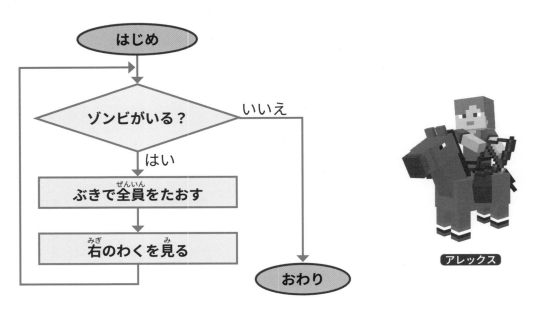

次のように、わくの中にゾンビ 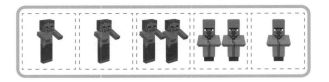 と村人 がいるとき、㋐〜㋑のどれ
になりますか。

50点

㋐

㋑

㋒

㋓

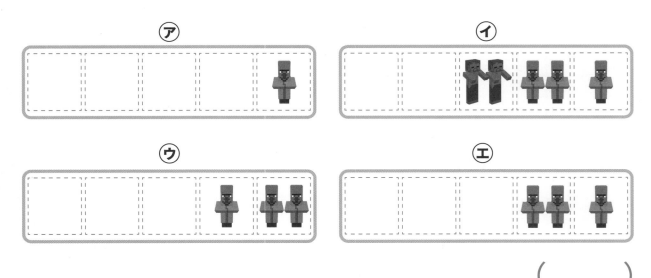

(　　　　　)

やったね
シールを
はろう

月　日

点

1 スティーブは、ジャングルの寺院でかくしとびらを見つけました。□1□の マスをぬると、次の星の絵がうかび上がりました。うかび上がる前の数 字が正しいものは、㋐～㋒のどれですか。

25点

★		★		
	★		★	
		★		
	★			
★				★

㋐

1	0	1	0	0
0	1	0	1	0
0	0	1	0	0
0	1	0	0	0
1	0	0	0	1

㋑

1	0	1	0	0
0	1	0	1	0
0	0	1	0	0
0	1	0	1	0
1	0	0	0	1

㋒

1	0	1	0	0
0	1	0	1	0
0	0	1	0	0
0	1	0	0	0
1	0	0	0	0

（　　　　　）

2 アレックスは、村人が作物をしゅうかくしてくれたお礼をあげようと 思っています。お礼のこうほを4つ村人につたえました。村人は最後に 聞いたものをおぼえています。村人がお礼に魚 🐟 を選んだのは㋐～㋒ のどれですか。

25点

㋐　　　　　　　　　　㋑　　　　　　　　　　㋒

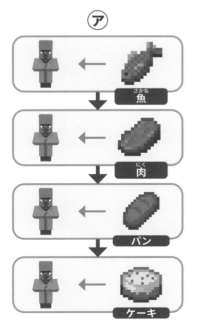
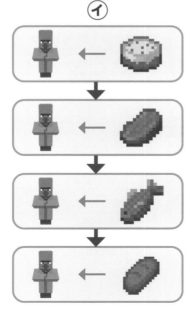
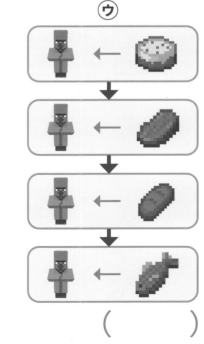

（　　　　　）

3 アレックスは、よう岩の上を歩いているストライダーを見つけました。ストライダーは、アレックスの命れいの通りにマスに色をぬって歩きます。ストライダーに次のようなもようをかいてもらうには、㋐〜㋒のどの命れいをすればいいですか。

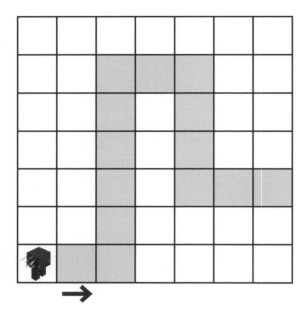

㋐	㋑	㋒
歩く ②	歩く ②	歩く ②
左へ △	左へ △	左へ △
歩く ⑤	歩く ⑤	歩く ⑤
右へ △	右へ △	右へ △
歩く ②	歩く ②	歩く ②
右へ △	右へ △	右へ △
歩く ③	歩く ③	歩く ③
左へ △	左へ △	右へ △
歩く ②	歩く ①	歩く ③

（　　　　）

4 スティーブは、1番重い生き物をぼうけんにつれていきます。そこで、生き物をシーソーにのせて重さくらべをしました。次の生き物を重いじゅん番にならべましょう。

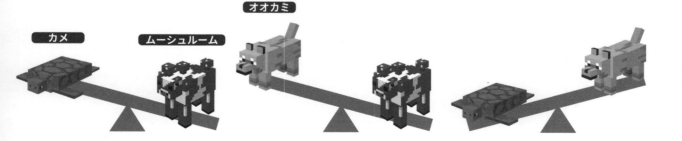

（　　　　　　　　　）→（　　　　　　　　　）→（　　　　　　　　　）

答え

1 ブロックをつみ重ねよう

① ①イ→ア→ウ→エ
　②エ→ウ→ア→イ
　③エ→ア→イ→ウ
② ①ウ
　②イ

ポイント

ブロックを積み重ねたり運び出したりするプロセスをとおして、「順序（決められた処理を１つずつ順番に実行すること）」の考え方を学びます。まず、ブロックの色や模様をよく見て、ブロックの数を確認した後、1 は、下から順に積んでいき、2 は、上から取る順を考えてみましょう。

2 てきをさけてゴールを目指そう

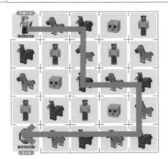

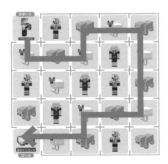

ポイント

指示の通りに進むプロセスをとおして、「順序」について考えます。1 はウマかロバ、2 はブタかニワトリを選んで、同じ道を通らずに進みましょう。

3 トロッコを動かそう

1 イ
2 ア
3 ウ

ポイント

トロッコが命令した通りに動くプロセスをとおして、「順序」について考えます。命令にあるマスの数と方向を確認しながら、正しい進み方を選びましょう。3 は逆に、正しい命令を選びます。

4 まとめのミニテスト

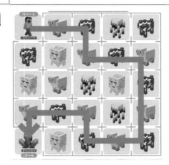

2 イ→オ→ア→ウ→エ
3 ウ

ポイント

「順序」について考えるまとめの問題です。1 は、ヒツジかムーシュルームがどこのマスにいるかを確認しながら、同じ道を通らずに進みましょう。2 は、ブロックの色や模様をよく見て、ブロックの数を確認した後、下から順に積んでいきましょう。3 は、命令にあるマスの数と方向を確認しながら、正しい進み方を選びましょう。

5 たから物をならべよう

1 ア
2 ウ
3 ①ウ　②エ
4 ①エ　②イ

ポイント

色や形の違う宝物を繰り返し配列していく命令をとおして、「繰り返し（決められた処理を１つのまとまりとして、繰り返し実行すること）」の考え方を学びます。宝物の色や形の違いをよく見ながら、繰り返しの回数を確認して、当てはまる宝物を選びましょう。

6 ウマを進めよう

1 ㋑

2 ㋒

3 ②

ポイント

「フローチャート（プログラムの処理内容を図で表したもの。図にすることで、理解しやすく、間違いも見つけやすくなる）」で示された命令で動くウマの動きをとおして、「繰り返し」の考え方を学びます。フローチャートは、◻◻◻◻◻ と ◻◻◻◻◻ ではさむことで、繰り返しの実行範囲を表します。まず、繰り返しの回数と進むマスの数を確認して、命令の通りに動かしましょう。

7 チェストの中にあるもの

1 ㋐

2 ㋐

3 ㋒

ポイント

命令の通りに宝物を配列していくことをとおして、「繰り返し」の考え方を学びます。まず、繰り返す回数と宝物の種類を確認して考えましょう。

8 まとめのミニテスト

1 ① ㋒　② ㋐

2 ① ㋓　② ㋒

3 ㋓

4 ㋓

ポイント

「繰り返し」について考えるまとめの問題です。**1** と **2** は、アイテムの違いをよく見ながら、繰り返しの回数を確認して、当てはまるものを選びましょう。**3** は、繰り返す回数と進むマスの数を確認して考えてみましょう。**4** は、繰り返す回数と宝物の種類を確認して考えましょう。

9 アイテムをもらおう

1 ㋑

2 ②

ポイント

条件に従いながら、分かれ道を進んでいくことをとおして、「分岐（条件によって実行する処理を変えること）」の考え方を学びます。看板に書かれた指示をよく読みましょう。

10 ウマのしゅるい分け

1 ① ㋒

　　② ㋓

2 ① ㋓

　　② ㋑

ポイント

条件をフローチャートで表して、条件に合うウマを選んでいくことをとおして、「分岐」の考え方を学びます。まず、ウマの色と模様を確認しながら「はい」「いいえ」で進めていきましょう。

11 ほう石を取り出そう

1 ㋒

2 ㋑

3 ㋓

ポイント

条件をフローチャートで表して、条件に合う宝石を選んでいくことをとおして、「分岐」の考え方を学びます。まず、宝石が「ある」「ない」を確認しながら、命令の通りに右方向へ進んでいきましょう。リンゴだけが入っている入れ物になったところで終わりです。

12 はしごを登ってだっ出

1 1

2 ㋐、㋑

ポイント

条件に従いながら、はしごを登っていくことをとおして、「分岐」の考え方を学びます。ここでの条件は、「松明（たいまつ）」です。松明が横にあるはしごを選んで進みましょう。**2** は、決められた出口に出るためには、どこに松明を置いたらいいか考えます。

13 まとめのミニテスト

1 ① ㋒

　　② ㋑

2 2

ポイント

「分岐」について考えるまとめの問題です。**1** は、ウマの色と模様を確認しながら、「はい」「いいえ」で進めていきましょう。**2** は、ランタンが横にあるはしごを選んで進みましょう。

14 正しい組み合わせはどれ？

1 ㋓

2 ㋑

15 フィルムを重ねてみよう

１ ㋐
２ ㋒
３ ㋑
４ ㋐

16 うかび上がる星の絵

１ ㋑
２ ㋒
３ ㋐

17 カードで遊ぼう

１ ① ００１１
② ０１１１
③ ０１０１
④ ０１１０
２ ① ㋒
② ㋑

18 ダイヤモンドの数

１ ① 5
② 6
③ 11
④ 13
２ ① ㋑
② ㋐

19 まとめのミニテスト

１ ㋑
２ ㋐
３ ① 17
② 20
③ 25

20 作物のしゅうかく

１ ニンジン
２ ビートルート
３ ㋑

ポイント

村人が覚えたものをとおして、「変数（さまざまな数値や文字列などのデータを保存する領域のこと）」の考え方を学びます。村人が最後に覚えたものを確認して、正しいものを選びましょう。

21 生き物が落としたもの

1 ①(1)エ　(2)ウ
　　(3)エ　(4)エ
　②(1)5　(2)3
　　(3)8　(4)6

2 ①(1)エ　(2)イ
　　(3)イ　(4)オ
　　(5)イ　(6)オ
　②(1)30　(2)8
　　(3)18　(4)10
　　(5)24　(6)6

ポイント

数の「大きい」「小さい」や「足し算」「引き算」「かけ算」をとおして、「変数」の値を使った計算を体験します。それぞれの数をよく見て、どちらが大きいか、小さいかを考えましょう。「足し算」「引き算」「かけ算」では、算数で習ったことを思い出しながら解いてみましょう。

22 村でさいくつ

1 ①5
　②8

2 ①（スティーブ）5
　　（アレックス）3
　　（村人）6
　②タイガ
　③サバンナ

ポイント

村ごとに採掘された宝石の数の「大きい」「小さい」や、「足し算」「引き算」「かけ算」をとおして、「変数」の値を使った計算を体験します。まず、3人それぞれが採掘した数を把握してから、村ごとの採掘した数を計算してみましょう。**2**は、引き算とかけ算も混ざっているので気をつけましょう。

23 まとめのミニテスト

1 ①(1)ア　(2)ウ
　　(3)ウ　(4)ア
　②(1)5　(2)1
　　(3)15　(4)20

2 ①（スティーブ）7
　　（アレックス）8
　　（村人）4
　②サバンナ
　③ジャングル

ポイント

「変数」についてのまとめの問題です。**1**は、それぞれの数をよく見て、どちらが大きいか小さいかを考えましょう。「足し算」「引き算」「かけ算」では、算数で習ったことを思い出しながら解いてみましょう。**2**は、3人それぞれの収穫物の数を把握してから、村ごとの収穫物の数を計算してみましょう。

24 ボートを動かしてみよう

1 イ
2 ウ
3 ア

ポイント

ボートの動きをとおして、「関数（何度も同じような命令をするときに複数の命令を組み合わせておくプログラムのこと）」の考え方を学びます。色のついたマスを見て、進む数と方向を1つずつ確認しましょう。

25 よう岩にもようをかいてみよう

1 ウ
2 イ
3 エ

ポイント

24と同じ考え方です。

26 かくしとびらを開けよう

1 ①2　②3　③5
2 ①3　②5　③20　④7

ポイント

隠し扉のレバーを上げたり、下げたりする複数の動作の組み合わせをとおして、「関数」による処理について考えます。隠し扉を開ける回数を確認して、それぞれのレバーの動きを考えてみましょう。

27 まとめのミニテスト

1 ①イ
　②ア
2 ①12
　②9
　③30
　④20

「関数」についてのまとめの問題です。**1**は、色のついたマスを見て、進む数と方向を1つずつ確認しましょう。**2**は、扉を開ける回数を確認して、それぞれのレバーの動きを考えてみましょう。

28 メモやカードを集めよう

1 ⑦

2 ⑦

プログラミングの際に用いる、問題を解決するためのやり方や手順のことを「アルゴリズム」といいます。ここでは、グラフを探索するアルゴリズム「深さ優先探索（答えが見つかるまで、どこまでも深く道を伸ばしながら探し続けること）」について考えます。進み方のルールを矢印と①〜⑩の数字で示し、それをたどることで深さ優先探索のルールを体験できます。メモやカードに書かれた指示を丁寧に読み進めていきましょう。

29 数字を当てよう

1 ① 3
　　② 2

2 ① 2
　　② 3

アルゴリズムの中には、データを探す「探索アルゴリズム」というものがあります。探索アルゴリズムには、いくつかの種類がありますが、「線形探索（順番にデータを見ていく）」と「二分探索（半分に分けてデータを探す）」の考え方を学びます。なお、線形探索に関しては、きれいにデータが並んでいなくても問題ありませんが、本問では二分探索も同時に扱っているので、データを整列させています。

30 入れかえてみよう

1 ① ⑦
　　② ⑦
　　③ ⑦

2 ① ⑦
　　② ⑦
　　③ ⑦

「スワップ（2つの値を入れ替えること）」について、**1**では魚、**2**では肉の入れ替えをとおして学びます。1つの変数に保存できるものは、1つの値だけであり、2つの値を入れ替えるときは、値を一時的に保存するための変数を用意しなければなりません。そのため一時的に別の箱を用意して、そちらに逃がした後で、片方を入れ替えたい方に入れて、逃がしたものの方を本当に入れたいところに入れます。**1**では空のバケツ、**2**では中火のかまどを用意しました。イラストの指示に従って、答えを考えましょう。

31 重さくらべをしよう

1 ① ⑦
　　② オオカミ
　　③ ヒツジ→ネコ→ウサギ

2 ① ⑦
　　② ニワトリ
　　③ コウモリ

アルゴリズムの中には、データを並びかえる「整列（ソート）アルゴリズム」というものがあります。整列（ソート）アルゴリズムにはいくつかの種類がありますが、ここでは、シーソーでの重さ比べをとおして、「選択ソート（値の最も大きいものや最も小さいものを探して、並べ替えをしていくこと）」について考えます。まず2つの生き物を比べて、重かったものを残して別の生き物をシーソーに乗せます。これで一番重い生き物がわかります。こうすることで、重い順あるいは軽い順に並びかえることができます。なお、本問は、シーソーを使った重さ比べで答えを導き出すために、実際の生き物の重さを考慮していません。

32 2つに分けていこう

1 ① 2
　　② 石のけん

2 ① 3
　　② A⑦　B⑦　C⑦

あるできごとが起こる確率によって定まる情報の価値を「情報量」といいます。「はい」「いいえ」で答えられる質問によって情報を二分し、答えに近づいていきます。質問を考えるときには「はい」と答えたときに求める答えにたどり着けるかどうか、考えるようにしましょう。

33 村への行き方は？

1 8

2 ① 12
　 ② 10

ポイント

頂点（家や村）の集合と、頂点と頂点をつなぐ線分（道）から構成される図形（地図）であるグラフを扱う、「グラフ理論」という学問分野があります。また、出発地から目的地までの最短経路を求めるアルゴリズムとして、「ダイクストラ法（始点から終点までの最短経路について範囲を広げながら１つずつ調べていくこと）」があります。ここでは、これらを体験的に学びます。まず、家から中継地点の村までの近道を足し算して探してみましょう。次に、中継地点の村から目的地の村までの近道を足し算して探してみましょう。最後に、この２つの時間を合計します。**1** は、「スティーブの家→ジャングルの村」が３時間、「ジャングルの村→サバンナの村→さばくの村」が５時間となります。**2** ①は、「スティーブの家→草原の村→ジャングルの村→さばくの村」が７時間、「さばくの村→タイガの村→サバンナの村」が５時間で合計 12 時間となります。②は、「スティーブの家→サバンナの村→タイガの村」が７時間、「タイガの村→さばくの村→ジャングルの村」が３時間で、合計 10 時間となります。

1

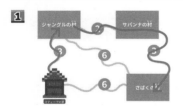

2 ①

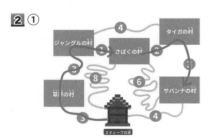

②

34 まとめのミニテスト

1 ⑦

2 ① ⑦
　 ② ⑦
　 ③ ⑦、⑦

ポイント

「アルゴリズム」についてのまとめの問題です。**1** は、カードに書かれた指示を丁寧に読み進めていきましょう。**2** は、空のボウルを使ってカカオの豆を入れ替えます。③は、入れ替えるカカオの豆とボウルの両方を選ぶので注意しましょう。**28 ～ 34** までの問題は、小学生向けにシンプルな問題になっていますが、実は高校の授業で扱われるものから大学で学ぶものまで含まれています。小学生のうちに本ドリルで体験的にアルゴリズムに触れておくと、中学校以降の学習の中で、より論理的に学ぶときに役立ちます。

35 まとめのテスト 1

1 ⑦

2 ⑦

3 ⑦

ポイント

「順序」「繰り返し」「分岐」のまとめの問題です。**1** は、命令にあるマスの数と方向を確認しながら、正しい進み方を選びましょう。**2** は、繰り返しの回数と進むマスの数を確認して、命令の通りに動かしましょう。**3** は、ゾンビが「いる」「いない」を確認しながら、命令の通りに右方向に進めていきましょう。村人のいる枠になったところで終わりとなります。

36 まとめのテスト 2

1 ⑦

2 ⑦

3 ⑦

4 ムーシュルーム→カメ→オオカミ

ポイント

「コンピュータの考え方」「変数」「関数」「アルゴリズム」のまとめの問題です。**1** は、★を１に置き換えて、どれになるかを考えましょう。**2** は、村人が最後に覚えたものを確認して、正しいものを選びましょう。**3** は、色のついたマスを見て、進む数と方向を１つずつ確認しましょう。**4** は、それぞれのシーソーで重さを繰り返し確認しながら、どの動物より重くて、どの動物より軽いかを考えてみましょう。